治理前的茅洲河

治理后的茅洲河

治理前的定岗湖

城市"森林"中的定岗湖湿地公园

开展源头治理后的龙津涌

高密度建成区高架旁的排涝河湿地公园

高密度建成区高架旁的潭头河湿地公园

白鹭在茅洲河畔驻足

茅洲河生态环境持续向好

落日下的茅洲河

茅洲河畔百姓休闲游憩

茅洲河畔居民露营游玩

粤港澳大湾区茅洲河龙舟赛现场

治理后的茅洲河成为皮划艇训练地

茅洲河

流域水环境污染源头治理

主　编　唐颖栋　陶明　赵思远

中国水利水电出版社
www.waterpub.com.cn
·北京·

内 容 提 要

　　本书在梳理和总结茅洲河流域水环境污染源头治理经验的基础上，系统阐述了水环境源头污染本底调查、污染控制等源头治理技术方法，提出了建筑小区管网建设与改造、海绵城市建设与地表径流控制、重点面源污染治理等技术方案，并结合实际案例进行了介绍。全书结构合理、技术实用，对水环境源头治理工作有较好的借鉴价值。

　　本书适合从事水环境治理工程科研、规划、设计、施工、管理、运营等工作的技术人员和管理人员阅读，也可供相关专业高校师生参考。

图书在版编目（CIP）数据

茅洲河流域水环境污染源头治理 / 唐颖栋，陶明，
赵思远主编. -- 北京 : 中国水利水电出版社，2023.7
ISBN 978-7-5226-1565-3

Ⅰ. ①茅… Ⅱ. ①唐… ②陶… ③赵… Ⅲ. ①河流－
流域－污染源－水污染防治－研究－深圳 Ⅳ. ①X522

中国国家版本馆CIP数据核字(2023)第112620号

书　　名	**茅洲河流域水环境污染源头治理** MAOZHOU HE LIUYU SHUIHUANJING WURAN YUANTOU ZHILI
作　　者	主编　唐颖栋　陶　明　赵思远
出版发行	中国水利水电出版社 （北京市海淀区玉渊潭南路 1 号 D 座　100038） 网址：www.waterpub.com.cn E - mail：sales@mwr.gov.cn 电话：（010）68545888（营销中心）
经　　售	北京科水图书销售有限公司 电话：（010）68545874、63202643 全国各地新华书店和相关出版物销售网点
排　　版	中国水利水电出版社微机排版中心
印　　刷	北京印匠彩色印刷有限公司
规　　格	170mm×240mm　16 开本　9 印张　162 千字　4 插页
版　　次	2023 年 7 月第 1 版　2023 年 7 月第 1 次印刷
印　　数	001—500 册
定　　价	**80.00 元**

序

　　茅洲河是深圳市第一大河，也是深圳的母亲河。这条河，经历了流域工业化、城镇化高速发展。20世纪80年代以后，经济、人口爆发式增长，茅洲河因环保基础设施建设长期滞后、环境管理相对薄弱而造成重度污染，逐渐成为广东省乃至全国污染最严重、治理难度最大、治理任务最紧迫的河流之一。

　　2015年4月，国务院正式颁布"水十条"，水环境治理上升为国家战略。广东省深圳市改变原有的"碎片化"治理模式，以超常规的举措，全面开展治水提质攻坚战。深圳市委书记亲自担任茅洲河河长（深圳），开启了水环境治理新征程，让茅洲河焕发出新的活力。

　　治理城市黑臭水体、修复生态环境非一朝一夕可以功成。各级领导高度重视，提出"所有工程必须为治水工程让路"，并多次赴现场"低调暗访，高调曝光"，协调治理工程中遇到的问题，为项目顺利推进提供了有力保障。茅洲河治理实践也展现出深圳市、区、街道各级干部敢于担当的精神风貌。

　　茅洲河流域水环境治理总体上按照"控源截污、内源治理、活水保质、生态补水"的基本思路。中国电建集团华东勘测设计研究院有限公司生态环境工程院副院长唐颖栋等专家于2022年编著了《茅洲河流域暗涵综合整治》，及时总结了在暗涵整治技术与工程方面的探索与应用，在业内获得热烈反响。所当乘者势也，不可失者时也。唐颖栋等专家进一步整理了高密度建成区中水环境污染源头治理的研究成果，编著了《茅洲河流域水环境污染源头治理》，供同仁们参考和借鉴。该书理论与实践相结合，既突出了知识应用，又包含了部分工程实践的第一手资料、方法与现场图片，具有很强的针对性和实用性，对当前我国其他城市和地区水环境改善工作具有很好的借鉴作用和参考价值。

经过全面、系统的治理，如今茅洲河"水清岸绿、人水和谐"的美丽画卷沿河徐徐展开，成为深圳践行"绿水青山就是金山银山"理念、推进生态治理与建设生态文明的一个案例和范本。"流浪"近20年的皮划艇队回归茅洲河，停办多年的龙舟赛重新开赛，茅洲河治理成效也在中央电视台《共和国发展成就巡礼》《美丽中国》纪录片中展示，成为市民流连忘返的"生态河"，再现水清岸绿、鱼翔浅底的美丽景象。

希望该书的出版，能分享水环境治理的深圳经验，对全国各地河流生态修复工作有所启迪，推动我国水环境治理工作的科学发展。

华北水利水电大学学术副校长

北京生态修复学会理事长

欧洲科学院院士、瑞士工程科学院院士

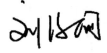

2023 年 2 月

前言

　　茅洲河是深圳第一大河，也是深圳的母亲河，其流域总面积388.23km²、干流全长31.3km，发源于深圳境内的羊台山北麓，往西北蜿蜒流淌，在深圳宝安区和东莞长安镇交界处注入伶仃洋。随着工业化和城市化快速发展及经济、人口的爆发式增长，大量小工厂聚集在茅洲河两岸，污水直接排入河中，环境污染负荷大大超过环境承载能力。曾经沙洲点点、水流灵动的茅洲河，一度成为珠江三角洲污染最严重的河流之一。

　　"黑臭在水里，根源在岸上"。茅洲河流域工业用地占总用地面积的40%，集聚了大量的电镀、印刷电路板制造、光电子器件制造、金属表面处理及热处理加工等重污染行业企业，工业污染成为茅洲河流域主要的污染源。根据传统措施，工业企业在雨污分流改造时由政府督促，企业自行将污水接入市政道路旁的督导井内，督导分流历时较长，且效果不理想；大部分公共建筑类、少量居住类小区管网错接乱接现象严重；城中村以往的做法多为总口截污，内部仍为一套合流制系统，内部环境质量较差；农贸市场、垃圾站等重点区域缺乏治理，强降雨冲刷地面导致的面源污染严重。因此，对水环境污染源头开展系统治理至关重要！

　　本书以茅洲河流域水环境污染源头治理为例，系统阐述了水环境污染源头现状排查、污染控制等源头治理技术方法，提出了建筑小区源头治理、重点面源污染治理等技术方案，并结合实际案例进行了介绍。全书结构合理、技术实用，适合从事水环境治理工程科研、规划、设计、施工、管理、运营等工作的技术人员和管理人员阅读。

本书的主编单位中国电建集团华东勘测设计研究院有限公司（以下简称"华东院"）已在水环境治理领域参与了多项重大治水项目，不仅包括深圳茅洲河水环境综合整治工程、南京金川河水环境提升工程、郑州贾鲁河综合治理工程、北京通州城市副中心水环境治理工程、安徽阜阳水环境综合治理工程等超大型水环境 EPC 和 PPP 项目，还包括杭州市大部分重要的水环境治理项目，如亚运场馆及北支江、京杭大运河、中东河、西溪湿地、西湖综保、G20 峰会水下升降舞台、千岛湖引水等工程，华东院已经成为我国水环境治理设计和建设领域的"排头兵"企业。

本书在编制过程中得到了中电建生态环境集团有限公司、深圳市水务局、深圳市宝安区水务局、深圳市光明区建筑工务署、中国电建集团西北勘测设计研究院有限公司、中国水利水电第七工程局有限公司、中国水利水电第十一工程局有限公司、中国电建市政建设集团有限公司、中国水利水电第八工程局有限公司、中国水利水电第十四工程局有限公司、中国水利水电第四工程局有限公司、中国水利水电第一工程局有限公司、南方科技大学等单位的大力指导与支持。感谢深圳市宝安区水务局吴新锋、李军、饶伟、唐晓斌等众多水环境治理专家在本书撰写过程中给予的指导与支持。在编写过程中，作者参引了同行公开发表的有关文献和技术资料，在此一并表示感谢。

希望本书的出版，在分享茅洲河治理经验的同时，对全国各地的水环境源头治理工作有所启示。城市水环境治理长路漫漫、任重道远，笔者愿同八方同志齐心奋楫，让良好生态环境成为最普惠的民生福祉。

作者

2023 年 2 月

目录

第1章

绪　论

1.1　流域水环境污染源头治理背景

2015 年 4 月 16 日，国务院印发了《国务院关于印发水污染防治行动计划的通知》（国发〔2015〕17 号），即国家"水十条"。2015 年，深圳市为了贯彻国家"水十条"的污染防治行动计划，制定了深圳市"水十条"；同年，编制了《深圳市水务发展"十三五"规划》和《深圳市污水管网建设规划（2015—2020）》，规划指出，"十三五"期间，全市规划新建污水管网4260km，其中缺口最大的宝安区新增管网 1443km；新增污水处理规模 201 万 t/d，提标改造规模 347 万 t/d。

在此背景下，深圳开启了新的一轮流域水环境治理，采取全新的治理模式，打破过去治水零敲碎打的模式，采用流域打包的方式，由统一的机构来负责污水系统的建设实施，重点推进控源截污工程，从系统的角度考虑片区上下游排水设施的建设与完善；确定目标，到 2020 年，基本建成路径完整、接驳顺畅、运转高效的污水收集输送系统，特区外雨污分流区域达到 70%以上。在此政策背景下，茅洲河流域水环境综合整治工程全面启动，该工程包含片区雨污分流管网工程、河道整治工程、片区排涝工程、水生态修复工程、补水工程、形象提升工程六大类工程。目前片区雨污分流管网已基本完工，并通过验收。

茅洲河流域工业用地占总用地面积的 40%，集聚了大量的电镀、印刷电路板制造、光电子器件制造、金属表面处理及热处理加工等重污染行业企业，工业污染成为茅洲河流域主要的污染源。根据深圳以往做法，工业企业在雨污分流改造时作为督导分流区域，即由政府督促，企业自行将污水接入市政道路旁的督导井内，督导分流历时较长，且效果非常不理想；大部分公共建筑类、少量居住类小区管网错接乱接现象严重；城中村以往的做法多为总口截污，内部仍为一套合流制系统，内部环境质量较差。因此，急需对源头污染严重区域提出更好的解决思路。

2017 年伊始，深圳市开始进一步深化推进全市雨污分流管网工作。深圳市治水提质指挥部于 1 月印发《深圳市进一步推进排水管网正本清源工作的实施方案》（深治水指〔2017〕1 号），明确提出宝安区中心城区须在 2019 年年底前完成工业类、住宅类、公共建筑类等的清源改造。同年，深圳市规划和国土资源委员会及深圳市水务局印发《深圳市正本清源工作技术指南（试行）》（以下简称"指南"），为正本清源工作的开展指引方向。深圳市宝安区政府响应号召，区治水提质指挥部审议通过并印发《宝安区排水小区摸底调查工作方案》，区政府办公室印发《宝安区全面推进排水管网正本清源工作实施方案》，排水小区摸底调查工作全面启动；区发展改革委以宝发改函〔2017〕315 号文同意茅洲河流域（宝安片区）正本清源工程项目建议书正式立项；与此同时，深圳市加大力度，城市环境品质提升行动总指挥部办公室于 2018 年 1 月发布《深圳市城中村综合治理标准指引的通知》（深城提办〔2018〕3 号），明确须对城中村进行正本清源改造。

1.2　国内水环境源头治理案例

1.2.1　浙江省"五水共治"

1.2.1.1　"五水共治"政策

20 世纪以来，随着大量的水利工程项目开建，河流筑坝开发、河岸筑堤硬化、河床干涸断流等从多个维度严重影响了河流物理-生物-生态功能的连续性。随着经济发展，河流、湖泊等污染日渐加重，水环境不断恶化，出现一系列水污染事件，如 2014 年杭州市钱塘江水污染事件，对当地居民生产、生活造成不同程度的影响。城市经济发展与水系生态健康已进入相互制约阶段。因此，浙江省于 2003 年提出了面向未来发展的举措，明确创建生态省，打造"绿色浙江"。与此同时，长兴县在全国率先实行河长制，先行探索生态治水，效果良好。2012 年，党的十八大将生态文明建设作为中国特色社会主义事业"五位一体"总体布局，拉开国内水污染防治序幕。

为贯彻党的十八大会议精神，浙江省委于 2013 年提出"五水共治"战略，并制定了实施的时间表：2014—2016 年要解决突出问题，明显见效；2014—2018 年要基本解决问题，全面改观；2014—2020 年要基本不出问题，实现质变。同年，浙江省人民政府制定《关于全面实施"河长制"进一步加强水环境治理工作的意见》，保障"五水共治"落地实施，也明确了 5 年治水目标：全省主要水污染物排放总量明显下降，地表水环境质量明显改善，饮用水水源地水质基本达标，垃圾河、黑臭河全面消除，人民群众满意度明显提高。到 2017 年，全省Ⅰ～Ⅲ类水质断面比例比 2012 年提高 5 个百分点；劣Ⅴ类水质断面比例下降 5 个百分点，其中平原河网劣Ⅴ类水质断面减少30％；八大流域跨市、县（市、区）交接断面消除劣Ⅴ类水质，全省交接断面水质达标率提高 5 个百分点。2014 年，浙江省印发《浙江省"五水共治"工作领导小组工作规则》及《浙江省"五水共治"工作考核办法（试行）》，明确了机构设置、职责任务、会议制度等，制定了考核内容与评价方法。

2015 年，浙江省出台《进一步落实"河长制"完善"清三河"长效机制的若干意见》，巩固和发展了清理整治垃圾河、黑河、臭河（简称"清三河"）工作成果，进一步明确加强组织领导，明确"河长制"职责分工；立足常态长效，确保"清三河"取得实效；严格考核奖惩，落实工作责任。2017 年，浙江省印发了《浙江省"污水零直排区"创建行动方案（征求意见稿）》《浙江省"污水零直排区"创建管理办法（征求意见稿）》，拉开了"污水零直排"建设的序幕，明确了行动目标：利用 3～5 年的时间，通过全面推进截污纳管，建立完善长效运维机制，基本实现全省污水"应截尽截、应处尽处"，大江大河、小河小沟水环境质量进一步改善，河湖水生态安全保障进一步提升；到 2020 年，力争 30％～40％的县（市、区）和开发区建成"污水零直排区"；到 2022 年，力争 80％～90％的县（市、区）和开发区建成"污水零直排区"。

进入"十四五"，"五水共治"工作不断深入，进一步巩固污水零直排创建成效，深化排水管网日常管理养护，拟对有条件的老村社排水管网推行市场化专业养护，同时加强城市社区排水管网的检查、督促、考核，确保管网通畅；加强"五水共治"宣传，常态化开展沿街店面排水行为巡查，严查

"六小"行业商家和四户联体小区随意倾倒污水、私接管道等行为；在新建项目中，把雨污分流作为前置条件，对污水管网排水能力留足建设空间。

1.2.1.2　"五水共治"主要内容

"五水共治"属水环境综合性治理工程（见图1.2-1），以治污水、防洪水、排涝水、保供水、抓节水为突破口倒逼转型升级，有力带动城乡环境面貌提升，为打好污染防治攻坚战奠定了坚实的基础。

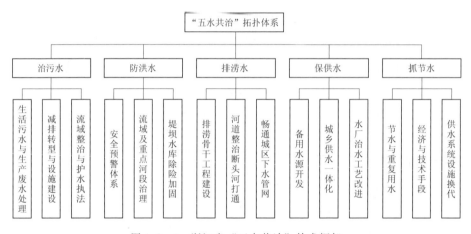

图 1.2-1　浙江省"五水共治"技术框架

"治污水"主要包括生产废水和生活污水处理、减排转型与设施建设及流域整治与护水执法，由外到内实现流域治理。通过排水管网雨污分流改造和"污水零直排区"建设，解决河流外部污染问题；通过产业结构调整与设施优化，降低城市发展污染物及碳排放；通过流域整治，解决重点黑臭河、垃圾河，实现水体不黑不臭、水质无毒无害。

"防洪水"主要包括预警、固堤、强库等工程建设，治理洪水（潮水）之患。通过政府主导，建立安全预警体系，降低水患灾害损失；通过合理规划，按序开展重点、薄弱河段治理，建设"千里海塘"工程，提升防洪、抗潮能力；通过堤坝水库除险加固，提升库塘蓄水能力，缓解洪水期下游行洪压力。

"排涝水"主要包括排涝骨干工程建设、打通断头河及畅通城区下水管网。建立城市雨洪分析模型，规划新建主要排涝通道及附属工程，同时打通断头河及畅通城区下水管网，疏通涝水输排途径，提升城市蓄水容积，缓解城市涝水问题。

"保供水"主要包括开源、引调、提升等工程建设，保障饮水之源。以城市备用水源开发和农村饮水安全提升为重点，通过千岛湖引水工程保障城市水安全；完善城乡供水一体化，解决偏远山区缺水问题；改进水厂治水工艺，提升水资源利用率。

"抓节水"是要抓好水资源的合理利用，形成全社会亲水、爱水、节水的良好习惯。浙江省委、省政府提出"五水共治"的工作目的，是要以"五水共治"为突破口倒逼产业转型升级，提倡走资源节约型、环境友好型的发展之路，让水与人和谐相处。

1. 2. 1. 3 "五水共治"实践经验

自"五水共治"政策出台以来，浙江各地因地制宜、因地施策，积极落实"五水共治"精神，实现了全方位治水，形成了宝贵的实践经验，以下以衢州市、绍兴市、江山市、嘉兴市及安吉县为典型进行介绍。

（1）衢州市以"五强化五推动"攻坚治水。衢州市以治水为核心、为首要，整合各方资源、创新作战方法、统筹治污造景，全力推进治水工作落实。

1）强化各方资源整合，全员化推动"五水共治"落实。整合各层级、各行业资源力量，共同服务治水工作，形成全员推动"五水共治"的工作格局。一是构建严密的组织领导机构。在成立市四套班子亲自挂帅的领导小组基础上，明确每位市领导治水职责。二是组建全脱产多方联合的督查力量。由一名市人大副主任、一名市政协副主席专职领衔，建立以干部、技术人员和记者组成的专职督查组，实行"月考"制度，对各县（市、区）实行排名计分通报，月月累计，年终考核算总账。三是借力发挥各类专家作用。建立治水专家指导组，外聘浙江大学等各行各业专家 14 名、专业技术团队 4 个，从技术运用、运营模式等方面开展研究攻关。四是整合生态指导员力量。在村村派驻生态指导员基础上，进一步整合力量，将生态指导员三人一组建立互助小组，每月 1/3 以上时间驻村，甩开膀子为生态家园"开路"，践行群众路线教育，解决服务群众"最后一公里"问题。

2）强化作战系统构建，信息化推动"五水共治"落实。加大资金投入，构建市"五水共治"信息化指挥作战系统，"一张网"收录治水所涉信息，建立扁平化管理平台，为领导实时掌握情况、快速决策部署提供有力支撑。该平台录入了全市各行政村、农村生活污水和生活垃圾、农业面源污染、工业污染、城镇污染的电子档案以及各条垃圾河与黑臭河河道名称、所在位置、长度、污染源、整治对策、治理时限等信息数据，电子大屏显示作战地图，并通过生态指导员实时录入各项工作进展情况，实时数据更新，实时项目跟踪。

3) 强化"三河"刚性治理，网格化推动"五水共治"落实。一是网格化设置河长。精确划定市县乡村四级河道（段）责任范围，树立界牌，实现河长制无缝对接。改河长"联系制"为"领创领衔领办制"，每人一份"军令状"，每段一块责任牌，每条黑臭河、垃圾河绘制一张作战图，并在报纸上公示；建立一份信息档案，录入信息作战系统，不完成、不销号。同时创新方法，提高整治效果，聘请农村工作经验丰富的机关退休干部、有威望的衢外成功人士回乡担任河长；通过"浙商回归"，组织衢商认领、认养家乡河塘，参与治水。二是网格化监测水质。在全省率先实现所有乡镇（街道）交接断面水质监测、考核全覆盖，实施交接断面水质监测双月交叉考评，结果在《衢州日报》上公示。三是网格化管理项目。以项目推进保障治水落实，做到"治水项目化、项目责任化、责任具体化"。将项目落实到县、乡、村、点，将责任落实到部门和个人。

4) 强化源头治理管控，模式化推动"五水共治"落实。一是生态循环模式破解畜禽养殖污染。创新"开启能源"模式，利用猪粪开发绿色能源，每天收集畜禽排泄物 300t，相当于消纳 30 万头左右生猪的排泄物。建立"饲料—猪—粪便加工有机肥—农作物"的种养联动生态循环体系，并被国家发展和改革委员会评为首批国家循环经济示范城市。二是"七统一"模式规范农村生活污水治理。根据统一工作机构、规划设计、建设标准、招投标办法、监督管理、运行维护、档案管理的"七统一"机制，制定出台县域农村生活污水治理规划。三是洁水养鱼模式治理水产养殖污染。按县域整体推进实施"山塘水库统一管理"模式，采取"买断租期""减租转型"的办法，将水库、山塘管理向县、乡镇区域化集中。在全市推广生态修复增殖、洁水健康养殖、资源集约养殖三大"洁水渔业"模式，建设"洁水渔业"示范点。四是"贺田"模式严格生活垃圾源头管控。在全市域推广"贺田"模式，即通过垃圾袋编号分类，给垃圾贴上"身份证"；定时定点投放，给垃圾制定"行程表"；定期督促检查，为农户排出"清洁榜"等"低成本可复制"的垃圾分类减量资源化利用方式。

5) 强化治污造景统筹，景区化推动"五水共治"落实。以农村生活污染治理为突破口，拉高标杆，按照景区化模式统筹推进农村治污和造景工作。遴选条件具备、区位优越、基础较好的乡村，整乡整村推进乡村休闲旅游片区创建，实现治污与发展的良性循环。

（2）绍兴市牢牢抓住项目"牛鼻子"，强力推进现代水城建设。

1）强化项目生成。围绕"五水共治"和"重构绍兴产业、重建绍兴水城"战略部署，按照"文化名城、江南水乡、宜居城市"发展目标，突出"两江、十湖、一城"开发建设和产城融合，将水环境建设与旅游发展、城市开发、基础设施建设等有机结合起来，摸排制定"双百双千"工程推进计划（100个重大产业项目、100个重大基础设施项目，分别完成千亿元投资）。

2）强化项目推进。把"双百双千"工程作为"项目推进年"活动的主要载体，明确刚性指标、量化考核指标和具体形象进度；成立"双百双千"工程重大项目推进组，负责制定项目实施计划，协调落实工程资金，推进工程项目建设，按月对"双百双千"工程项目进行检查推进；建立重大项目领导联系制度、重点建设联席会议制度等协调机制，实行"月通报、季分析、年考核"制度，努力形成工作合力，确保按时、按质完成任务。

3）落实要素保障。对列入"双百双千"工程推进计划的重大项目优先安排资金和土地指标，整合、用好"5年100亿元"战略性新兴产业扶持专项资金，鼓励引导金融机构加大对"双百双千"工程重大项目的支持力度。大力实施"腾笼换鸟"，加快低效利用土地二次开发，加大批而未供地的消化利用和供而未利用土地的处置力度，保障"双百双千"工程用地。足额征收水利建设基金，足额计提农田水利建设资金，广泛发动社会各界捐款支持"双百双千"工程项目建设。

4）强化督查考核。制定"双百双千"工程考核办法，把"双百双千"工程项目建设列入各地各部门工作目标责任制考核内容，形成以年度和半年度考核为主，月度考核与明察暗访相结合的考核机制。制定明察暗访实施方案，成立督查考核组，及时开展专题协调并督促落实，对成绩突出的表彰奖励，对工作不到位的进行通报批评直至行政问责。

5）强化工作宣传。在市级媒体推出专栏专题，及时反映各级各部门的工作动态；组织省市县三级主要媒体开展"重大项目巡礼"集中采访活动；《绍兴日报》推出专版，绍兴新闻频道举行电视论坛，组织实施"我的水城我的河"等特色新闻行动，推广一批公益宣传，积极开展建设性舆论监督，努力使支持"双百双千"工程建设成为各级干部与广大市民的自觉行动。

（3）江山市推行垃圾生态处理"日月村样本"。江山市针对农村"污水靠蒸发，粪便靠雨刷，垃圾靠风刮"和"二次污染"等难题，在新塘边镇日月村创新实施"污水沼液上山、厨余垃圾归田、有害垃圾中转、再生资源回收"

方法，有效破解农村治污困境，彻底改变农村环境"脏乱差"现象。

1) 垃圾源头减量一目了然。全面普及户产垃圾分类放置、源头减量。一是村庄设置"三格桶"。根据村庄道路走向和农居布局现状合理设置垃圾回收连体三格桶，由村里统一制作、统一编号，分别收纳可回收、不可回收和有毒有害垃圾，并用图标、文字标注投放的筒体，做到"见箱知户"，督促农户分类放置、就近投放。二是农户配发"两只桶"。为每家每户配发蓝灰两色垃圾桶，蓝色垃圾桶主要放置厨余垃圾，灰色垃圾桶主要放置其他不可回收垃圾。编制垃圾分类处理的顺口溜，"绿色桶里可回收，灰色桶里中转走，蓝色桶里放厨余，污水厨余送田头"，方便群众识别放置不同垃圾。三是定时定点"倒一桶"。厨余垃圾每天两次统一上门收集，可回收垃圾周六上午统一上门收购，有害垃圾及不可回收垃圾每周一次统一拉运，建筑垃圾由户主自行拉运至规定地点按照标准填埋。

2) 垃圾生态处理一干二净。坚持"农牧结合、种养平衡、生态循环"的理念，实现污水、垃圾处置经济社会效益最大化。一是污水沼液上山。主动引导培育上规模的家庭农场建立农牧结合对接模式和运行机制，购置吸污车每周定时定点到村里集中收纳池统一"消化吸收"农户生活污水、猪场排泄物，运至山上贮液池，制成有机肥，改善土壤肥力，走"畜—沼—果"生态循环之路。二是厨余垃圾归田。厨余垃圾统一运送到垃圾综合利用生产车间加工成颗粒状有机肥料，分发给村民养花、种菜、肥田等。三是有害垃圾中转。有毒有害垃圾统一运送至乡镇垃圾中转站进行集中处理，减少二次污染。四是再生资源回收。具有再生资源收购资质的企业工作人员定时进村入户统一收购可回收垃圾，直接给农户带来经济效益。

3) 激发村民参与一以贯之。充分发挥村民"清洁家园"的主体作用，做到"污水乱排有人问，垃圾乱放有人理，沟渠淤塞有人清，畜禽乱跑有人管"，确保村庄长治久洁。一是自觉参与靠倡议。发放垃圾分类处置倡议书，开展清"三堆"（土堆、粪堆、柴堆）、治"三乱"（乱泼、乱倒、乱堆）活动，家家户户扫好四个"面"，做到地面净、水面清、门面洁、脸面爽。二是自主管理靠规约。制定环境卫生村规民约，与村民签订家禽圈养和垃圾分类协议，引导村民改变陋习，树立健康文明的生活新习惯。同时，将每年的"立春""立夏""立秋""立冬"确定为全村"清洁家园"活动日。三是自我监督靠评比。完善垃圾分类指导、卫生监督评比、队伍建设管理等制度，建立"卫生监督队、村庄保洁队、爱卫小能手"三支队伍，每月开展清洁户、示范户评选，让村民互相监督，全村 95% 以上的家庭基本做到垃圾归桶、畜禽归圈、肥土归田、污水归池。

（4）嘉兴市推进"五水共治"。嘉兴市由于上游水质差、客水汇聚，加上自身污染持续累积，逐渐成为水质型缺水城市。2012 年，嘉兴市打响水环境综合治理攻坚战。浙江省委、省政府作出"五水共治"决策部署后，嘉兴抓住机遇，乘势而上，深化河长治水、科学治水、依法治水、工程治水、全民治水，五力齐发推进"五水共治"。

1）河长治水，责任具体化。一是包河到人。按照"横到边、纵到底、全覆盖、无遗漏"要求，逐一确定各级党政领导担任河长，建立"一河一档"，落实"一河一策"。二是考核到人。将水环境综合治理工作纳入县（市、区）及部门年度工作目标责任制考核内容。实施河长制考核，建立"河长保证金"及奖惩制度，对考核不合格、整改不力的"河长"，实行扣减河长保证金、行政约谈、通报批评等措施，考核结果作为干部考核选拔任免的重要依据。严格督查考核问责机制，对区域交接断面水质考核月度不合格的县（市、区），由当地主要领导向市委常委会作专题汇报；年度考核不合格的，取消年度目标责任制考核评优资格，生态市考核"一票否决"；连续两年不合格的，进行行政问责。三是监管到人。每周开展水质监测，每季进行水环境状况分析，以水质日常变化趋势提示河长采取相应治理措施。

2）科学治水，路径最优化。一是编制规划。编制《嘉兴市水环境治理综合规划》，提出各阶段控制方案和工程措施。修编《嘉兴市域污水处理工程专项规划》，编制完成治污水、防洪水、排涝水、保供水、抓节水、农业面源污染防治等三年行动计划，提出总体目标、主要措施等。二是完善政策。先后制定加强畜禽养殖污染防治促进转型升级、工业企业污水全入网、城乡生活污水治理、河道清洁专项行动、河道清淤及生态修复项目与资金管理办法等政策。出台《实行最严格水资源管理制度的实施意见》，建立覆盖各县（市、区）的"三条红线"控制指标体系和考核制度，基本形成节水型社会建设格局。三是汇聚智源。强化科技支撑，积极开展与浙江清华长三角研究院、中国科学院嘉兴中心、中国环境科学研究院等科研院所的合作，邀请院士专家对水环境状况问诊把脉，加强治水技术科研攻关和实用治水项目推广应用，将"五水共治"列为市科技资金重点支持领域。举办领军人才聚智"五水共治"专项对接会，着力引进一批治水技术研发、产业应用等领域的领军人才和创新团队，以先进适用技术保障治水工程。

3）依法治水，措施刚性化。一是加强普法宣传。充分运用媒体、村（社区）公告栏和门户网站、政务微博、微信等阵地，宣传水环境保护的法规政策，采用以案说法等方式，及时公布污染环境案件查处情况，加大对污染环境违法犯罪法律后果的宣传力度，进一步威慑违法犯罪。利用全市中心路段大型全彩户外显示屏、小区传媒高清 LED 联播屏、楼宇电子屏，循环播放"五水共治"法制宣传片，营造良好的法治氛围。二是加大执法力度。组织开展执法大检查专项行动、"清水"系列专项行动、印染行业提标改造专项检查等系列执法检查，严厉打击水污染违法行为。三是提高准入门槛。严格执行空间、总量、项目"三位一体"的环境准入制度和专家评价、公众评估"两评结合"的决策咨询体系。严格按照"农牧结合、科学布局、因地制宜、循环利用、控制总量"的原则进行畜禽养殖项目环评审批，从源头上控制畜禽养殖污染。

4）工程治水，载体项目化。一是开展"五大攻坚"工程。实施"清三河"三年行动计划，启动农村生活污水全覆盖工程，深化截污纳管工作，全面启动流域性骨干防洪排涝工程，重点推进平湖塘延伸拓浚、扩大杭嘉湖南排、出海排涝闸加固、圩区整治等工程。二是推进"八大区域"整治工程。明确市领导分头领衔整治问题突出、亟须整治的喷水织机分布散乱区域、生猪养殖密集区域、印染企业集聚区域、老集镇生活污水治理困难区域、重污染高耗水企业集中的滨海化工园区，以及饮用水水源地保护区域、京杭大运河、钱塘江流域等八大重点区域。

5）全民治水，力量集聚化。一是营造社会氛围。运用各类宣传阵地，做到每天"报纸有文、电视有形、广播有声"，营造"五水共治"浓厚舆论氛围。制作"五水共治"公益广告在全市公交车车载视频系统和社区电子屏上滚动播放。二是发挥公众监督作用。在政府门户网站公示全市"三河"整治情况；在河长制公示牌、治水网站、新闻媒体上公布举报电话；开设"曝光台"，调动社会各界参与寻找"三河"、监督治理成效。创新监督方式，组织市民检查团，采用"点单式执法"的方式进行检查。三是动员全民参与。将"五水共治"作为党的群众路线教育实践活动重要内容，组织开展春季水环境综合整治集中行动。广大市民积极参与"五水共治"，鼓励企业主动认领治理河道，投资投工治理"三河"。

（5）安吉县"护源保供"推进集中水源地治理。安吉县以"源头预防、工程建设、长效管理"为突破口，多举并进，齐抓共治，扎实做好"护源保供"文章。

1）水陆联动"强扩面"。坚持水陆联动，山水同治，切实保障源头水质。一是严控源区污水排放。利用阿科蔓生态基技术、PEZ 高效处理技术等 11 种实用技术，在饮用水水源地所在行政村大力开展农村生活污水处理设施建设，实现覆盖率 100%。二是严控农业面源污染。在饮用水水源地周边积极推广绿色防控、农药减量控害、农作物统防统治等技术，全面禁止高毒高残农药及草甘膦的使用。三是严控山体毁林开荒，严厉打击毁林开荒等违法行为。

2）工程推进"优库储"。推进水库上游水土流失保持、库体清淤扩容、库尾生态修复等综合治理，全力提高饮水储备能力和水体质量。一是推进水土保持工程。构建水保林、经济林、生态林和河道 4 道防护体系，净化工业、生活废水。二是推进水源治理工程。开展老石坎水库清淤扩容项目，同步提升水库蓄水和自身生态净化能力。三是推进生态治理工程。通过人工湿地、景观绿地、拦水坝、挡土墙等工程建设，持续提升库尾水生态景观。

3）创新管理"保长效"。一是优化技术防支撑。安装巡查员"GPS 卫星定位系统"，实时记录巡查方位和路径，第一时间获取巡查中发现的隐患现场资料。二是深化监督执法。创新建立"水源地饮用水水源监测、涉水企业在线监测比对及监督性监测、农村生活污水治理监测、地表水质断面监测"体系，与安徽省广德县建立跨域联合执法。三是强化全民意识。将饮用水水源地保护纳入乡规民约，创设"五问安吉"等全民讨论平台，积极开展"五水共治"工作宣传，倡导群众饮用水水源保护意识，依靠群众，发动群众，坚决将饮用水水源地区域治理落实"最后一公里"。

1.2.2　深圳市"污水零直排"

1.2.2.1　政策环境

自国务院于 2015 年发布《国务院关于印发水污染防治行动计划的通知》（简称"水十条"）及住房和城乡建设部发布《城市黑臭水体整治工作指南》以来，深圳市整合已有的规划、设计成果及治水经验，着手推进流域水环境治理工程，实施城市合流制排水系统向雨污分流改造，难以改造的，采取截流、调蓄和治理等措施；城镇新区建设均实行雨污分流，有条件的地区推进初期雨水收集、处理和资源化利用。按照"流域统筹、系统治理"思路，尊重水的自然规律，打破过去"岸上岸下、分段分片、条块分割、零敲碎打"的治水老路，深圳、东莞两市进行流域性捆绑打包，引进有实力的大型企业，借助大型企业在人才、技术、资金、资源、经验、社会责任等方面的优势，推行"地方政府＋大企业＋EPC"的项目建设模式和"大兵团作战"的工程施工模式。通过"正本清源、织网成片、理水梳岸"，实现厂网河源系统治理，全面消除了黑臭水体，取得了显著效果。

2019 年，住房和城乡建设部、生态环境部、国家发展和改革委员会印发了《城镇污水处理提质增效三年行动方案（2019—2021 年）》，行动方案指出："持续推进城中村、老旧城区、城乡结合部的污水管网建设，基本消除生活污水收集处理设施空白区"。推进建成区污水管网全覆盖和生活污水全收集、全处理。深圳进入"零直排小区"建设阶段，对生活污水处理设施运营进行维护与监管，定期清掏，并妥善处理清理出的淤泥，推行小区排水管网专业化管养，以期进一步巩固治水成果。

进入"十四五"，《国务院关于支持深圳建设中国特色社会主义先行示范区的意见》要求：深圳市牢固树立和践行"绿水青山就是金山银山"的理念，打造安全高效的生产空间、舒适宜居的生活空间、碧水蓝天的生态空间，在美丽湾区建设中走在前列；到 2025 年，深圳公共服务水平和生态环境质量达到国际先进水平，建成现代化国际化创新型城市。《粤港澳大湾区发展规划纲要》则要求大力推进生态文明建设，树立绿色发展理念，坚持节约资源和保护环境的基本国策，实行最严格的生态环境保护制度，为居民提供良好生态环境，促进大湾区可持续发展。2022 年，粤港澳大湾区建成生态环境优美的国际一流湾区。到 2035 年，生态环境得到有效保护，宜居宜业宜游的国际一流湾区全面建成。

同时，《广东省碧道建设指引》《广东万里碧道总体建设规划工作大纲》明确要求推进河岸生态修复和水环境与安全治理，进行河道治理、污水处理、水生态修复等工作，通过积极开展入河排污口整治，加强入河水质监测，以旧城区和重污染河涌为重点开展清污截污，做到碧道建设先治污，再治水。碧道试点应保证水质清澈无异味，不低于 V 类水标准，无非法排污口、无河湖障碍物、无水面漂浮物、无涉河湖违法违建，入河口处无污泥淤积等，水生境得到营造和恢复，最终形成水质达标、水生态良好、水安全保障有序、碧水清流的生态廊道。

为更好地响应及落实对深圳水环境发展的一系列定位及发展要求，深圳市也相应地出台了一系列相关行动方案及工作计划，包括《深圳市建设国家特色社会主义先行示范区的行动方案 2019—2022》《深圳市建设国家特色社会主义先行示范区的行动方案 2020—2025》《深圳市建设国家特色社会主义先行示范区重点工作计划 2020—2022》《深圳市水务局贯彻落实〈中共中央　国务院关于支持深圳建设中国特色社会主义先行示范区的意见〉行动方案》等。其中《深圳市水务局贯彻落实〈中共中央　国务院关于支持深圳建设中国特色社会主义先行示范区的意见〉行动方案》明确提出要通过大力推进雨污分流管网建设及排查修复、完善初雨治理体系、构建集散结合的污水处理体系等措施，到 2025 年，打造高密度建设的超大城市水环境治理典范，在全国率先建成全市域分流制排水体制，实现污水全收集、全处理、全达标，以此构建深圳完善高品质的治污基础设施体系（见图 1.2 - 2）。

图 1.2 - 2　国家、广东省与深圳市层面"十四五"水务规划

1. 2. 2. 2　主要内容

"污水零直排"主要包括污水处理方式的监管治理、混接错接的分流改造、管道结构性缺陷和功能性缺陷检测修复以及检查井调查和缺陷修复。

（1）污水处理方式的监管治理。污水处理方式一般有化粪池（生活小区类）、隔油池（餐饮行业）、毛发聚集井（美容美发、洗浴类）、消毒池（医疗卫生、化工）、隔油沉砂井（人流量较大聚集场所，如车站等），为保证各行各业尾水排放能够达到标准，就要从源头解决问题。

（2）混接错接的分流改造。污水处理方式的监管治理是以水质达标排放为目的着手解决水质问题，而雨污分流改造是从管网入手解决错排问题。深圳市排水户内部雨污分流普遍不彻底、排水户纳管率偏低，这就导致部分生活污水和工业废水通过雨水管网进入河道，对河流水体造成污染。因此"污水零直排"把调查管网"混接错接"当作重中之重，目的是从管网源头实现雨污彻底分流，从而达到污水全纳管、无错排的目的。

（3）管道结构性缺陷和功能性缺陷检测修复。由于管道的功能性缺陷和结构性缺陷严重影响管道的健康运行，各地对管道的检测修复需求日益紧迫，"污水零直排"工作开展过程中自然把管道检测与修复纳入其中，以此来确保在管网自身健康又无违排现象的情况下，运行正常、排放达标。这在一定程度上也减少了地下空洞隐患的形成。

（4）检查井调查和缺陷修复。检查井调查也是针对检查井缺陷而言，一是检查井壁破损、井壁无混凝土防护层（裸露）、井结构坍塌等结构性缺陷；二是检查井淤堵、占压、未设置井盖或者井盖被封死等功能性缺陷；三是有针对性地进行检查井维护保养、修复。

污水零直排工作流程如图 1.2-3 所示。

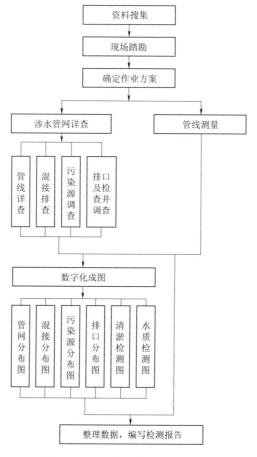

图 1.2-3　污水零直排工作流程

1.3 茅洲河水环境污染源头治理概况

1.3.1 茅洲河水环境治理历程

茅洲河流域水环境治理由来已久，随着治水理念及政策的不断演进，茅洲河流域水环境治理策略与时俱进，不断引领前沿、创新思路与技术，已成为国内各大城市的治水典范。茅洲河治理主要经历了截排系统阶段、雨污分流阶段、正本清源阶段等。

1.3.1.1 以截排系统为主的水环境治理

在茅洲河综合整治前，2000—2003 年，在深圳市政府注重水环境基础设施建设的政策下，流域内已建成大量市政排水管网及污水处理厂，污水干管系统得以完善；然而排水管网错接乱排的现象十分严重，污水随着雨水管渠入河，造成严重污染。因此，针对大量大口径的合流管和合流箱涵，设置截流井，将污水收集后输送至污水管网成为了主要措施。这一阶段存在的主要问题是大量的截流雨水超出下游污水管网与污水处理厂承受能力，造成溢流污染；此外，截流井及截流管易发生堵塞，导致截流井失效。

针对上述问题，深圳市政府开始探索新的污水收集系统建设，并形成了截污箱涵收集系统，即"大截排"系统。"大截排"初衷是解决面源污染问题，但实质上成了一种合流制收集系统，通过设置高截流倍数（10～15 倍）箱涵收集合流污水，经调蓄池一级处理后排放，这既没有从源头解决污染问题，也给末端污水处理厂带来了很大的冲击负荷。管网系统高水位运行、污水处理能力有限，大部分面源污染未被处理进入河道，尤其雨天时溢流污水直排，挟带大量污染物入河，造成严重污染。点源、面源污染交织，导致茅洲河流域水污染形势更为复杂。

1.3.1.2 以雨污分流为主的水环境治理

2000—2015 年，受城市建设条件、建设速度与日益严格的环境条件约束，采取了例如"大截排"等"非常之法"，短时间内确实发挥了拦截污染的作用，同时也带了诸多隐患，大截排系统并没有从源头实现污水的剥离，系统内常混掺大量雨水、地下水，河道的生态基流锐减。

2015 年 4 月，国务院正式发布《水污染防治行动计划》，要求各计划单列市于 2017 年建成区污水基本实现全收集、全处理；2015 年 6 月，深圳市人民政府发布相关行动方案，重点提出要严格控制污染物排放、加强完善水污染治理设施体系。2015 年 7 月，深圳市发布治水提质相关规划，提出要注重治水提质，以完善管网治污设施系统为核心和重点之一，打通提升水环境质量关键节点。为进一步推进与城市发展相匹配的城市基础设施建设，深圳雨污水系统建设进入了大分流时代。

2015 年 10 月，茅洲河水环境综合整治工程遵循"流域统筹、系统治理"的治理理念，按照"源—迁—汇"的污染物迁移路径，梳理了污水系统完善的系列工程项目。中国电力建设集团依托茅洲河综合治理（宝安片区）EPC 项目，开启了大分流时代的初步探索。茅洲河宝安片区全面开展织网成片建设工作，建成雨污分流管网超 1000km，完善了一、二、三级干管系统，大部分新村、少量公共建筑实施雨污分流，工业区外部预留污水接入口，打通了污水系统的"大动脉"，改善了流域整体水环境，水质大幅提升。

1.3.1.3　以正本清源为主的水环境治理

2017 年，在工程实践中发现，由于大面积的工业区内部基本保留合流制，大部分公共建筑、少量新村内部未进行雨污分流，源头混接严重，导致干管分流不能发挥实效。因此，茅洲河宝安片区进一步针对沙井、新桥、松岗、燕罗 4 个街道 22 个片区开展了正本清源的设计工作，目的在于建成"工业企业及公共建筑内部支管—次干管—主干管—污水处理厂"完整的污水收集体系，根本改善片区的水环境质量。正本清源解决了污水从源头开始收集，并通过顺畅的通道进入处理终端的问题。

1.3.2　茅洲河水质改善情况

根据河道水质监测结果和经验来看，自然水体中较容易超标的水质指标主要集中在氨氮（NH_3-N）、总磷（TP）等指标，因此主要对这两种指标进行河道水质分析。茅洲河共和村断面水质监测结果如图 1.3-1 所示。

茅洲河共和村断面水质结果显示：COD 指标自 2015 年 9 月到 2018 年年底含量逐渐下降，COD 由 70.0mg/L 降至 20.0mg/L，削减率为 71.4%，COD 在 2017 年年底已达到地表 V 类水指标；氨氮（NH_3-N）由 2015 年的 21.0mg/L 下降至 2018 年年底的 3.0mg/L 左右，削减率为 85.7%，但水质仍为

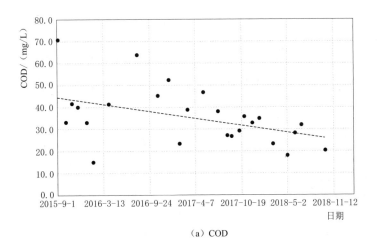

（a）COD

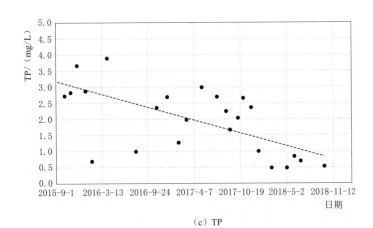

（b）NH$_3$-N

（c）TP

图 1.3-1　茅洲河共和村断面水质变化情况

地表劣Ⅴ类水；总磷（TP）由 2015 年的 2.7mg/L 降至 2018 年的 0.5mg/L，削减率为 81.5%，但仍为地表劣Ⅴ类水。

　　茅洲河洋涌河大桥断面水质结果显示，氨氮（NH₃-N）由 2015 年的最高 26.0mg/L 下降至 2018 年年底的 3.0mg/L 左右，削减率 88.5%，但水质仍为地表劣Ⅴ类水（见图 1.3-2）。

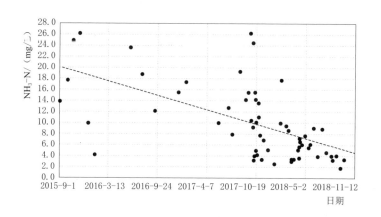

图 1.3-2　茅洲河洋涌河大桥断面水质变化

　　从茅洲河水质变化情况来看，经过近几年相关工程的整治，水质实现了历史性的好转，茅洲河干流共和村断面和洋涌河大桥断面均消除了黑臭（见图 1.3-3）。根据相关文件要求，2020 年茅洲河需要消除劣Ⅴ类水。

（a）整治前

图 1.3-3（一）　茅洲河整治后水质改善明显

（b）整治后

图 1.3-3（二）　茅洲河整治后水质改善明显

1.3.3　茅洲河水环境源头污染问题

1.3.3.1　工业仓储类小区分布缺乏统一规划

茅洲河流域（深圳）目前分布的所谓的工业园区（聚集区），并不是一般意义上的工业园区（聚集区），主要是在城市发展过程中工业分布相对集中的工业片区，没有进行系统的规划和功能定位，也没有专门配套的管网和污水处理设施。从工业园区（聚集区）的分布情况看，部分工业园区（聚集区）分布在现状或规划的居住用地中间，与《深圳市城市总体规划（2010—2020）》存在一定冲突，也给日常监管造成一定难度。

茅洲河流域（深圳）范围内的企业，多属污染相对较重的劳动密集型制造业，技术密集型企业较少。各行业的企业分布较分散，部分企业未分布在现状的工业园区（聚集区），零星分布在居民区中，难以实现集中监管或统一配套污水处理设施。企业数量众多且大部分未列入重点监控企业名单中，监管难度大。

1.3.3.2　工业污染严重

茅洲河流域集聚了大量的印制电路板制造、光电子器件制造、金属表面处理及热处理加工等重污染行业企业，特别是近年来实施商事登记制度改革以来，部分企业项目存在"未批先建"等问题，客观造成环境污染事实；支流排污口密布，多数河道排污口氨氮、总磷超标 10～50 倍，部分排污口还出现氟化物、石油类、硫化物与重金属超标现象。工业污染的治理应从源头实施，彻底改造。

1.3.3.3　污水管网系统缺乏源头统一收集

茅洲河流域（宝安片区）水环境综合整治工程将对宝安区的规划管网实施完成，规划管网实施后茅洲河流域（宝安片区）的市政管网将基本实现雨污分流及管网全覆盖，封闭式工业园区（聚集区）在其边界外设置了接入口，开放式工业园区（聚集区）内部道路敷设管网并在企业附近设置了接入口。

规划管网的实施为企业排水管网的接入创造了条件，但部分企业内部采用雨水、污水、废水合流制，管网及排水去向复杂、不清晰，企业内部和工业园区（聚集区）内部的雨污分流改造、排水管网的梳理和接入是外部市政管网发挥其作用的重要保障。同时，为了后期环境监管和核查的需要，需要进行企业内部管网的梳理、整治；保证企业与市政管网接驳口的唯一对应，有效进行企业废水排放去向的管理。

1.3.3.4　小区内部排水系统混乱

茅洲河流域（宝安片区）前期片区雨污分流管网工程已完成区域内污水管网系统的建设，但工业仓储类、少量公共建筑及居住小区内部排水系统混乱，仍存在错接乱排的现象。

（1）前期已完成的治水工程情况。

1）完成干管系统的建设：沙井、松岗两个污水处理厂配套污水管网一期二期管网已建成，总长度约 160km。

2）片区雨污分流管网正在推进。茅洲河流域（宝安片区）通过共计 22 个片区雨污分流管网工程主要完成了 3 件事：一是在一、二期干管基础上，完成了三级以上污水次干管的建设，市政道路上基本敷设了分流污水管道，基本具备区块分流条件。二是对大部分的居住小区、部分公共建筑均实施了彻底的雨污分流，对工业仓储类小区实施了督导分流，即由政府通过政策制定，督促企业自行将生产废水、生活污水处理达标后接入市政污水管道内。三是对区域内的城中村多采用总口截污的方式，最大程度收集内部产生的污水。22 个片区共计设计约 1014km 分流管网，从源头收集生活污水，形成比较完善的生活污水收集系统。

（2）尚存在的主要问题。

1）大量工业类小区尚未实施彻底的正本清源。4个街道内有1.2万余家工业企业，前期片区雨污分流管网工程新建污水管网系统铺设至厂区门口，并预留井，由政府相关部门督导各企业将内部污水自行接入。此种方案在实施过程中需厂区承担部分建设工作，且需要政府政策大力支持，时间跨度长，短期见效慢，存在较大困难。根据调研结果，尚有94%的工业类小区存在排入合流制管或直排入河的现象，加重水环境污染负荷。

2）部分居住类、公共建筑类小区尚存在错接乱排的现象。以居住类小区为例，原居住小区由于雨水管道设置不当或用户自身接入方便的原因，雨水立管中途有入户的污水汇入（阳台水或厨房用水）；此外，在小区内收集雨水的雨水口内，多有错接乱接的污水管道直排进雨水管道内，旱季雨水管系统内均有污水排出，严重影响居民生活环境卫生，同时加重城市雨水管网系统负荷；且厨房及阳台用水进入雨水管道，会导致洗衣液、洗洁精内的含磷物质进入河道内，引起水体富营养化等，造成水体污染严重。

3）城中村内污染仍较为严重。城中村内没有完善的排水系统，多为建筑间设置一套合流制排水体系，末端总口截污，内部多为简单的排水沟渠，旱季雨季均有污水，且城中村内因居民住户自身原因，人为倾倒在沟渠内的大颗粒污染物较多，严重影响居民生活和环境卫生，加重城市污水管网运行负荷。

1.3.3.5 合流制系统导致雨季大量雨水进入污水系统

根据摸排，区域内94%的工业小区、部分公共建筑、居住小区尚为合流制，城中村大部分为合流制系统或截流制系统。

雨季时，合流制或截流制系统污水大量进入污水处理厂，此部分污水内混入了大量雨水，导致进入污水处理厂水量过大，且进水浓度较低，加重污水处理厂负荷。

为确保污水处理厂正常运行，提高雨污管网覆盖率和污水收集率，充分发挥污水处理厂的环境效益和社会效益，开展正本清源工作显得尤为必要。

1.3.4 茅洲河水环境污染源头治理目标

针对茅洲河流域内工业仓储类、公共建筑类、居住小区类、城中村类排水小区及其他源头污染重点区域，实现区域内雨水接入雨水管道，污水接入污水管道，完善建筑与小区的雨、污分流排水系统。通过开展工业仓储类、公共建筑类、居住小区类及城中村类建筑与小区排水水量及排放情况调研、现状排水体制调研、排污口勘察等，对片区排污口、排水用户接入点等进行分析，以深圳市规划的雨污分流排水体制为目标，结合现场实际，对错接乱排的源头排水户进行整改；在片区干管工程基础上，完善以污水支管网建设为重点的排水管网系统，使 99.7% 的区域实现源头雨污分流，构建完整的污水收集体系。

对于流域方面，通过水环境源头治理，实现污水收集全覆盖，从源头改善片区的水环境质量，为流域"长治久清"打下坚实的基础。

城市建设方面，通过片区内未分流区域污水支管网完善工程的实施，减少污水排入合流制管、排入河道的数量，从而改善片区内污染状况，改善区域内居民的生活环境，建立新的城市水体景观，消除上下游间的水环境矛盾，提高整个区域的水环境质量。同时，在排水小区正本清源实施过程中，同步考虑雨水调蓄池、下沉式绿地等初雨截污设施，同步建立从源头到中途再到末端的雨径流管理模式，遵循"源头控制、中途滞蓄、末端排放"的原则，采用"渗、滞、蓄、净、用、排"等多种措施，构建地块内面源污染控制系统，助力海绵城市建设，实现雨水在城市中的自然迁移、低碳循环，进一步完善资源结构。

1.4　水环境污染源头治理的意义

（1）水环境污染源头治理是国家和省水污染防治的战略要求。根据《国务院关于印发水污染防治行动计划的通知》（国发〔2015〕17 号）和《深圳市贯彻国务院水污染防治行动计划实施治水提质行动方案》（深府〔2015〕45 号）的要求，2017 年年底前，茅洲河流域（宝安片区）要实现基本消除黑臭水体，污水基本全收集、全处理，以及河岸无违法排污口等目标。

深圳市城市建设、旧城改造问题等错综复杂，区域洪潮涝、水污染问题已成为制约城市建设发展的重要因素。2015 年始，深圳市以茅洲河流域综合水环境整治为开端，着手流域统筹、系统治理的综合整治，开创了广东省乃至全国范围内水环境综合整治的先河。控源截污是水污染防治的重要手段，区域的管网雨污分流正是实现控源截污的最重要措施，此项工程的实施为现代化、国际化创新型城市建设提供高质量的水务支撑和保障。

（2）水环境污染源头治理是深圳市推进排水小区正本清源工作的需要。根据《深圳市进一步推进排水管网正本清源工作的实施方案》工作目标，原特区外区域污水支管网要求在 2020 年年底全部完成清源改造，其中包括工业区、商业区及公共机构的小区清源改造。

茅洲河流域仅宝安片区 4 个街道内便有 1.2 万余家工业企业，2018 年前尚有 94％的工业类小区存在污水排入合流制管或直排入河的现象。此次源头治理工程将管道敷设进厂区内部，实现彻底的雨污分流，最终实现深圳市 2020 年全部完成正本清源改造。对片区内未分流的区域实施雨污分流，需从源头彻底截断生活污水，工业区根据实际情况新建管理井收集工业废水，这也是保证茅洲河流域水质的关键因素之一。

（3）水环境污染源头治理是改善工业污染问题的需要。茅洲河流域内聚集了大量的印制电路板、光电子器件制造、金属表面处理及热处理加工等重污染行业企业，部分企业项目存在"未批先建"等问题，管网建设滞后，客观造成了环境污染的事实，通过正本清源工程，可以改善工业企业排水管网建设滞后的现状，解决工业污染问题。

（4）水环境污染源头治理是流域治理、水质达标的需要。茅洲河流域内现有大量污水排入合流制管或直排入河，未能进入污水处理厂，严重影响流域水质。针对流域四大类小区实施正本清源，能够在真正意义上实现污水全覆盖收集。实施后，可使区域内原排入合流制或直排入河的污水得以收集，从源头改善片区水环境质量，减少城市污水直排入河，为水质达标打下坚实基础。

（5）配套污水处理厂建设，推动"两高一低"目标的实现。松岗水质净化厂以及沙井污水处理厂已建设完成，为满足污水处理厂的运营需要，现状污水处理厂就近在河道取水，输送至污水处理厂处理，导致污水处理厂处理水量中有较大一部分为河道基流。需开展支管网建设工程，从源头上收集生活污水，以提高现状干管系统输送至污水处理厂的水质、水量，有利于水厂正常运行。茅洲河流域水环境源头治理，可实现区域内污水收集全覆盖，实现"两高一低"（高收集率、高进水浓度、运行水位低）的目标。

（6）水环境污染源头治理是城市发展建设提高城市居民生活环境的需要。近年来，城市建设得到较大的发展，社会经济均有了较大的提高，城市居民对居住环境也有了更高的要求。现状老旧的排污系统多为合流管道、明沟，常有臭味逸散，已受到越来越多的关注。需开展正本清源完善工程，雨、污分流，避免生产、生活污水进入非封闭式排水系统而引起的臭味逸散。

（7）水环境污染源头治理是水资源保护与社会高质量发展的要求。水资源是极其宝贵的，是人类赖以生存和社会持续发展的先决条件。水资源的开发利用既要满足社会经济发展的需要，又要充分考虑水资源的承受能力，对水资源实施切实可行且有效的保护，使水资源得以持续利用，支持社会的可持续发展，这就首先必须对城市污水进行综合治理，进而实现流域治理，改善水环境和美化生活环境，并使水资源的可持续利用满足经济的可持续发展。加快雨污分流管网建设，提高污水收集处理率是达到这一目的的重要步骤。

通过水环境污染源头整治，对工业区内部彻底的雨污分流改造，从源头彻底截断生活污水，工业区根据实际情况新建管理井收集工业废水，避免大量污水直排进入河道，提高和稳定了收集污水的污染物浓度，也能稳定收集污水的水量。同时，片区内排水管线的整改，更有利于企业排水的统一监管，能有效减少工业废水偷排漏排现象，从而改善水环境。

第2章

茅洲河流域概况

2.1 自然条件

2.1.1 地理位置

茅洲河是深圳境内第一大河流，位于经济发达的珠江口区域，横跨 2 市（东莞市、深圳市），涉及 2 区（宝安区、光明区）和 1 镇（东莞市长安镇）。茅洲河流域属珠江三角洲水系，发源于深圳市羊台山北麓，流域面积 388.23km² （包括石岩水库以上流域面积），其中深圳市境内面积为 310.85km²，河床平均比降为 0.88‰，多年平均年径流深为 860mm；东莞市长安镇境内流域面积为 77.38km²。

光明区位于深圳市西北部，东至龙华区观澜观城办事处，西接宝安区松岗街道，南抵石岩街道，北临东莞市黄江镇。光明区呈块状分布，东西长约 16km，南北长约 17km，总面积 156.1km²。其中，公明街道办事处面积 100.3km²，光明街道办事处面积 55.8km²。

宝安区位于深圳市的西北部，是深圳市六大辖区之一。全区面积 733km²，海岸线长 30.62km。宝安南接深圳经济特区，北临东莞市，东与东莞市及光明区接壤，西滨珠江口临望香港，是未来现代化经济中心城市——深圳的工业基地和西部中心，倚山傍海，风景秀丽，物产丰富，陆、海、空交通便利，地理位置优越。

长安镇地处东莞市的西南部，东至茅洲河与深圳相邻；西至东引运河上角段，与虎门镇相邻；南临长安新区；北至莲花山峰（分水岭）与大岭山镇接壤。东西横贯约 15km，南北约跨 7km，面积 83.4km²。107 国道、358 省道和广深珠高速公路均贯穿整个长安镇，为长安镇提供优越的对外交通条件。

2.1.2　地形地貌

茅洲河域内宝安区全区地形、地貌以低丘台地为主，总的地势是东北高西南低，东北部主要为低山丘陵地貌，西南部地区多为海滩冲积平原，地形平坦，山地较少。宝安区地貌单元属深圳市西北部台地丘陵区和丘陵谷地区，主要地貌类型为花岗岩和变质岩组成的台地丘陵和冲、海积平原，地势错综复杂，类型颇多，山地、丘陵、台地、阶地、平原相间分布，境内按地势高低可分为两个区：

（1）台地平原区：该区位于宝安区的西部，呈弧形分布，除罗田一带分布有 45～80m 的高台地外，其余广布着两级和缓的低台地，第一级为 5～15m，第二级为 20～25m。河谷下游分布着冲积平原，沿海分布海积平原，这些平原为 5m 以下的地形面。该区是深圳市最低平的地区。

（2）丘陵谷地区：该区位于宝安区的东部，区内主要分布低丘陵和高台地。低丘陵代表高程为 100～150m；高台地代表高程为 40～80m。高丘陵主要分布在河流两侧。区内较高的山峰有羊台山（587m）、鸡公山（445m）。

主要山系为羊台山系，它位于本区的中部，由横坑、羊台山、仙人塘、油麻山、黄旗岭、凤凰岭、大茅山、企坑山等组成，从观澜一直伸到西乡大茅山、铁岗一带，主峰高 587m。

光明区主要以茅洲河流域为主，流域内总的地势东北高西南低，其中楼村桥以上（两岸主要支流有玉田河、鹅颈水、大凼水、东坑水、木墩河、楼村水等）长约 8km，地形地貌属于低山丘陵区；从楼村桥至塘下涌（两岸主要支流有新陂头水、西田水、白沙坑水、上下村排洪渠、罗田水、合水口排洪渠、公明排洪渠、龟岭东水、老虎坑水等）长约 9km，地形地貌以低丘盆地与平原为主。

长安镇的山脉、丘陵多分布在北部，占全镇总面积的 16.6%，山脉以海拔 513.4m 的莲花山为主峰，全长约 18km。东起涌头社区的白石山、西至上角社区的铜鼓山，起伏和缓，横亘在长安北部。紧靠山脉的是丘陵，丘陵除部分小山外，多是地势较高的山坑山。长安镇的中部是一片平原，土地肥沃，河涌纵横，北引山区之水灌溉农田，南通珠江口，现多为建设区，其内散落零星小山包。

2.1.3 水系分布

茅洲河发源于深圳市境内的羊台山北麓，流经公明、光明、沙井、松岗、新桥、燕罗等街道。河流上游流向为自南向北，到中游后折向西，入伶仃洋出海。流域三面由低丘山区环绕，西面向海，中部为零星低丘的冲积平原区，地势较低。茅洲河河床比较平缓，下游平原区比降约为 0.6‰，易受潮水顶托。其中，塘下涌至河口的 11.4km 河段为深圳与东莞的界河，界河段右岸为东莞长安镇；左岸沙井河以上为深圳宝安区松岗街道，以下为宝安区沙井街道。

2.1.4 水文特性

茅洲河流域主要河流有德丰围涌、共和村排洪渠、和二涌、排涝河、沙福河、沙井河、沙井支渠、沙涌、上寮河、石岩河、石岩渠、万丰河、下涌、新桥河、衙边涌、茅洲河、南环河沙、石围涌和道生围涌等。茅洲河流域现有水库 33 座，其中大型水库 1 座，中型水库 3 座，小（1）型水库 14 座，小（2）型水库 15 座。茅洲河为雨源性河流，其径流量、洪峰流量均与降雨量密切相关，年径流量分配基本与雨量分配一致，冬、春枯水季节径流量很小。茅洲河经过公明、光明、沙井、松岗、新桥、燕罗等地，最后于沙井民主村注入珠江口海域。据《广东省水资源调查评价》（2004 年）和《广东省水文图集》（1991 年），查得茅洲河流域多年平均年径流深为 850mm，年径流变差系数 C_v 为 0.38。

根据赤湾水文观测站观察资料和香港深圳湾内尖鼻嘴水文观测站资料分析，该地区区段的潮位特征见表 2.1-1。从潮位特征看，该地区区段潮流属不规则半日潮，具有一日两涨两落、潮差与潮时不等的特点。实测最大涨潮流速为 1.48m/s，最大落潮流速为 1.91m/s。

2.1.5 气候条件

本区域属海洋性热带季候风区，位于热带气候边缘地带，湿热多雨，干湿季分明，盛行季风，夏、秋季节常受台风影响。

（1）气温：年平均气温 22℃，最低月份为 1 月、2 月，气温为 15℃左右，最高月份为 7 月，28℃ 左右，极端最低气温 0.2℃，极端最高气温 38.7℃。
多年平均相对湿度为 79%。

表 2.1-1   本地区区段的潮位特征信息

潮位特征	观测数据	潮位特征	观测数据
历史最高潮位	2.66m	涨潮最大潮差	2.86m
历史最低潮位	−1.56m	落潮最大潮差	3.44m
平均高潮位	0.99m	平均涨潮时间	6 小时 13 分钟
平均低潮位	−0.38m	平均落潮时间	6 小时 25 分钟
平均潮位	0.33m		

（2）蒸发：该流域处于低纬度区域，日照强，辐射量大，蒸发量大。年
平均水面蒸发量为 1345.7mm，年日照量为 2120.5h，年辐射总量为
127.78kcal/cm^2。

（3）风向、风速：夏季盛行东南风，冬季以东北风为主，年平均风速
2.6m/s，最大风速大于 40m/s。

（4）降水：根据相关雨量资料统计，流域多年平均年降水量为 1606mm，
最大年降水量 2382mm，最小年降水量 761mm，其中 4—10 月降水量占全年
降水量的 80%。

2.2 社会经济条件

2.2.1 人口现状

茅洲河流域（深圳）内包括公明、光明、沙井、松岗、新桥、燕罗等街
道，根据《深圳市宝安区统计年鉴（2019）》与《深圳市光明新区统计年
鉴（2019）》，2018 年茅洲河流域（深圳）相关各街道共有 132.09 万人（见表
2.2-1）。

2.2.2 经济状况

近年来，茅洲河流域的经济虽然一直保持着良好的发展势头，但其发展
水平及发展速度仍低于宝安区以及深圳市的平均水平。从产业结构来看，茅

表 2.2 - 1　　　　　茅洲河流域（深圳）相关街道 2018 年人口统计

行政区	街道	人口数量/万人	比例/%
宝安区	沙井	38.25	29.0
	松岗	32.23	24.4
	新桥	28.52	21.6
	燕罗	15.02	11.4
	小计	114.02	86.3
光明区	公明	12.19	9.2
	光明	5.88	4.5
	小计	18.07	13.7

洲河流域的第二产业仍为发展的主力军，工业生产仍以低附加值的"三来一补"加工产业为主，企业生产规模较小，污染企业数量多。但随着高新技术产业、高端制造业及第三产业的迅速发展，茅洲河流域的工业转型态势良好，正在向着产业结构高端化的阶段逐渐转型。

以茅洲河所在的宝安区为例，2018 年宝安区实现地区生产总值（GDP）3853.58 亿元，比上年增长 6.6%。其中，第一产业增加值 0.58 亿元，增长 9.4%，对 GDP 增长贡献率为 0.02%；第二产业增加值 1858.79 亿元，增长 2.2%，对 GDP 增长贡献率为 16.5%；第三产业增加值 1994.22 亿元，增长 11.0%，对 GDP 增长贡献率为 82.4%。三次产业比例为 0.02：48.24：51.75。

2.2.3　用地及规划情况

2.2.3.1　用地情况

根据《深圳市土地利用总体规划（2006—2020 年）》土地利用现状情况，茅洲河流域（深圳）总面积 301km²，其中工业用地约占 19.6%，居住用地面积约占 7.3%，绿地及生态红线区面积约占 37.8%（含水库），其他用地面积约占 35.3%。

2.2.3.2　土地利用

根据茅洲河流域（深圳）土地利用现状和土地利用规划的对比情况，宝安区工业用地面积有所降低；从规划情况看，宝安区的工业用地分布更趋于集中，居住区及商业区分散分布在工业区中间的现象将有较大改善，居住及商业功能区与工业用地相对独立。从土地利用比例和分布规划情况看，工业企业远期规划为集中布置或入园以便于管理，也将进一步优化区域功能分区、提升土地价值。

第3章

水环境源头污染本底调查

3.1 污染源本底调查

污染源调查采用收资与实调相结合的方式，同步实施，对比论证。通过政府部门协调收集工业污染综合治理范围内所有涉水企业以及环保重点监管企业的基本信息，包括行业类别、排放体制、污染物种类、员工人数、占地面积等；对工程范围内的点源污染、支流河道、暗渠等进行沿河布点调查水质，通过水质情况反映相应支流汇水范围内污染情况，例如污染源类型以及污染程度等，为其后的方案梳理、企业调查以及方案编制提供依据。

3.1.1 点源污染调查

3.1.1.1 生活污染

茅洲河（宝安片区）流域包括燕罗、松岗、沙井和新桥街道，据 2018 年统计结果显示，沙井、新桥街道总人口 66.77 万人，松岗、燕罗街道总人口约47.25 万人，共约 114.02 万人。其中松岗河、新桥河、石岩渠等河道附近的人口尤为密集。

根据各街道的人口数量，结合单位人口的各类污染物排放系数，核算出街道内的生活污染源负荷。按照人均用水量 150L/（人·d），排放系数取 0.9，核算生活污水量为 15.4 万 t/d；根据第一次全国污染源普查城镇生活源产排污系数手册，深圳市 COD、氨氮产生系数分别为 79g/（人·d）、9.7g/（人·d），按照区域人口核算生活污染排放量，COD 排放量为 90.1t/d，氨氮为 11.1t/d。

3.1.1.2　工业污染

1. 工业企业分布

茅洲河流域工业区分布较为密集，从空间分布来看，更多集中在下游区域，即宝安片区燕罗、松岗、沙井、新桥 4 个街道，根据深圳市人居环境委员会《茅洲河水体达标方案》的数据，宝安片区工业区占比高达茅洲河全流域的 72.3%；上游区域企业数量较少，光明区公明街道和光明街道工业企业分布则相对分散，占比为 27.7%。

按照 GB/T 4754—2017《国民经济行业分类》统计，茅洲河流域的重点监管企业有 96% 为制造业，其中金属表面处理及热处理加工、印制电路板制造仍是茅洲河流域最大的工业污染来源；其次是光电子器件及其他电子器件制造、机织服装制造，特别是实施商事登记制度改革以来，部分企业项目存在"未批先建"等问题，客观造成环境污染事实；支流排污口密布，多数河道排污口氨氮、总磷超标达 10～50 倍，部分排污口还出现氟化物、石油类、硫化物与重金属超标现象，企业废水都没有进入市政分流管网。四大行业是区域内主要的 COD、氨氮、总磷排放来源，污染物排放量占比较大，但经济效益较其他行业占优，短期内仍将作为茅洲河流域的工业结构主体。

2016 年 11 月，依据 GB 15618—1995《土壤环境质量标准》中总铜低于 400mg/kg 的标准，对 15 条河流的污泥进行全面检测发现，超过该标准 2 倍的河道有万丰河、共和涌、东方七支渠、松岗河、龟岭东水、罗田水、道生围涌以及石岩渠等；总铬标准为不超过 400mg/kg，超过该标准 2 倍的河道有共和涌、石岩渠、东方七支渠等，以上数据表明工业密集区的重金属污染比较严重。

2. 重点企业

茅洲河流域（宝安片区）内排放量较大的企业有 8 家，大部分为市管企业（见表 3.1-1）。COD 排放量前两位的单位分别是富葵精密组件（深圳）有限公司与深圳市能源环保有限公司宝安垃圾发电厂二期，总排放量之和为 1075.31t/a。

氨氮排放量情况见表 3.1-2，排名前两位的分别是富葵精密组件（深圳）有限公司与联能科技（深圳）有限公司，企业排放量之和为 78.54t/a。

表 3.1 - 1   化学需氧量排放前 8 的工业企业名单

公 司 名 称	所在街道	COD 排放量/(t/a)
富葵精密组件（深圳）有限公司	松岗街道	315.87
深圳市能源环保有限公司宝安垃圾发电厂二期	松岗街道	152.41
深圳青岛啤酒朝日有限公司	松岗街道	125.38
联能科技（深圳）有限公司	沙井街道	112.34
兴英科技（深圳）有限公司	沙井街道	104.70
深圳市明正宏电子有限公司	沙井街道	89.47
竞华电子（深圳）有限公司	沙井街道	87.91
住友电工电子制品（深圳）有限公司	松岗街道	87.23
合 计		1075.31

表 3.1 - 2   氨氮排放前 8 工业企业名单

公 司 名 称	所在街道	氨氮排放量/(t/a)
富葵精密组件（深圳）有限公司	松岗街道	21.34
联能科技（深圳）有限公司	沙井街道	12.11
兴英科技（深圳）有限公司	沙井街道	10.89
深圳市明正宏电子有限公司	沙井街道	8.92
竞华电子（深圳）有限公司	沙井街道	8.72
深圳市鹏金投资有限公司	松岗街道	5.70
全成信电子（深圳）有限公司	沙井街道	5.56
深圳市能源环保有限公司宝安垃圾发电厂	松岗街道	5.30
合 计		78.54

总磷排放量情况见表 3.1 - 3，前两位的单位分别是深圳万江服饰有限公司、富葵精密组件（深圳）有限公司，企业排放量之和为 41.20t/a。

3. 工业污染负荷核算

根据工业污染源调查结果，茅洲河流域（宝安片区）企业数量合计 12549 家，其中重点监管企业 274 家，此外宝安区调查 12519 家企业。COD 及氨氮年排放量预测见表 3.1 - 4。

表 3.1 - 3　　　　　　　总磷排放前 7 工业企业名单

公　司　名　称	所在街道	总磷排放量/(t/a)
深圳万江服饰有限公司	沙井街道	33.60
富葵精密组件（深圳）有限公司	松岗街道	3.00
深圳益联鑫电子有限公司	沙井街道	1.88
德辉宝电子（深圳）有限公司	沙井街道	0.90
深圳市和俊堂洗水有限公司	松岗街道	0.74
深圳青岛啤酒朝日有限公司	松岗街道	0.70
深圳长城开发铝基片有限公司	松岗街道	0.38
合　　计		41.20

表 3.1 - 4　　　　　　　4 个街道 COD 及氨氮年排放量预测

污染类型	COD 排放量/(t/a)	氨氮排放量/(t/a)
工业污染	40380	8076

3.1.1.3　排污口污染

1. 概况

根据本次污染源调查，茅洲河流域共计分布 2699 个排污口（干流 574 个，支流 2125 个）。宝安区 1789 个，污水合计排放量 24.42 万 m³/d，大部分排放量小于 500m³/d，沙井、新桥 2 个街道排污口数量与排放量均最大。

排污口主要超标污染物为 COD、氨氮、总磷，氨氮、总磷超标严重（见表 3.1 - 5），多数排污口超标 10～50 倍。

表 3.1 - 5　　　茅洲河流域（宝安片区）污染物超标排放排污口数量　　　单位：个

所属街道	COD			氨　氮			总　磷		
	<10 倍	10～50 倍	>100 倍	<10 倍	10～50 倍	>100 倍	<10 倍	10～50 倍	>100 倍
沙井、新桥街道	181	21	1	41	129	0	139	68	1
燕罗、松岗街道	145	14	0	43	69	1	140	32	2
合　　计	326	35	1	84	198	1	279	100	3

主要污染物排放负荷：COD、氨氮、总磷分别为 32.84t/d、3.81t/d、0.43t/d。燕罗、松岗、沙井、新桥 4 个街道排污口污染物排放量占茅洲河流域排污口污染物排放比例的 70％。茅洲河流域（宝安片区）排污口污染物排放情况见表 3.1－6。

表 3.1－6　　　茅洲河流域（宝安片区）排污口污染物排放情况汇总表

所属街道	主要污染物/（t/d）		
	COD	氨氮	总磷
沙井、新桥街道	11.28	2.48	0.24
燕罗、松岗街道	21.56	1.33	0.19
合　计	32.84	3.81	0.43

2. 分布特征

（1）干流。根据本次调查，茅洲河干流共计 574 个排污口，其中雨水溢流口 308 个，排污口 266 个（在排 79 个），合计排水量 50038.74m³/d，主要超标污染物为 COD、氨氮、总磷、氟化物、阴离子表面活性剂，五类污染物日排放污染负荷分别为 3.48t、0.59t、0.095t、1.55t、0.0200t，详见表 3.1－7。

表 3.1－7　　　　　茅洲河干流排污口污染物排放情况汇总表

区域	污染物/（t/d）				
	COD	氨氮	总磷	氟化物	阴离子表面活性剂
上游	0.32	0.05	0.005	0.01	0.0022
中游	0.31	0.05	0.024	0.31	0.0006
下游	2.85	0.49	0.066	1.23	0.0172
合计	3.48	0.59	0.095	1.55	0.0200

（2）支流。石岩河、玉田河、楼村水、新陂头水、沙井河、衙边涌 27 条一级支流与 33 条二级及以下支流，共计 2125 个排污口，其中在排的排污口 703 个，合计排水量 284377m³/d，主要超标污染物为 COD、氨氮、总磷、氟化物等，详见表 3.1－8。

茅洲河排污口上、中、下游主要水质指标负荷比例如图 3.1－1 所示。茅洲河各支流排污口数量分布为上游 17％、中游 21％、下游 62％；排水量中游较大为 40％，其次为下游 33％，最后为上游 27％。下游排污口污染物浓度较高，总污染负荷最高，COD、氨氮占全流域排放的 61％、45％。

表 3.1-8　　　　　　　　　茅洲河支游排污口水质信息统计表

区域名称	排污口数量 /个	在排的排污口 /个	排水量 /(m³/d)	总污染负荷/(t/d)			
				COD	氨氮	总磷	氟化物
上游	353	88	76010	5.3	1.475	0.040	0.166
中游	453	190	113881	11.0	1.893	0.147	0.687
下游	1319	425	94486	25.8	2.791	0.325	1.945
合计	2125	703	284377	42.1	6.159	0.512	2.798

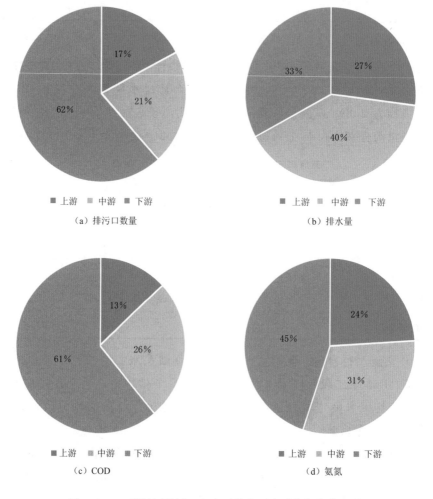

■ 上游　■ 中游　■ 下游

（a）排污口数量

■ 上游　■ 中游　■ 下游

（b）排水量

■ 上游　■ 中游　■ 下游

（c）COD

■ 上游　■ 中游　■ 下游

（d）氨氮

图 3.1-1　茅洲河排污口上中下游主要水质指标负荷比例

沙井河水系排污口分布数量最多，为 599 个；排涝河水系排水量与氨氮、总磷排放量均最大。COD 排放量较大的河流分别为中游的新陂头水北支、龟岭东水与下游的沙浦西排洪渠、排涝河、上寮河和新桥河；氨氮排放量较大的河流分别为上游的大凼水与下游的排涝河、上寮河和新桥河；总磷排放量较大的河流分别为沙浦西排洪渠、排涝河、上寮河和新桥河；氟化物排放量较大的河流分别为排涝河、沙井河与公明排洪渠；阴离子表面活性剂排放量较大的河流分别为上寮河、新桥河与排涝河。

COD 浓度最高的排污口位于上寮河（5010mg/L），氨氮浓度最高的排污口位于新陂头水北支（468mg/L），总磷浓度最高的排污口位于上下村排洪渠（177mg/L），氟化物浓度最高的排污口位于排涝河干流（1085mg/L），阴离子表面活性剂浓度最高的排污口位于鹅颈水北支（46.5mg/L）。

3.1.2 面源污染本底调查

根据《深圳市土地利用总体规划（2016—2020 年）》，茅洲河流域（深圳）总面积 301km²，其中建设用地 137.26km²，占流域面积的 45.6%；林地 66.82km²，占流域面积的 22.2%；城市绿地 30.10km²，占流域面积的 10.0%。参考《珠江广东流域水污染综合防治研究》《广州、佛山跨市水污染综合整治达标方案》等大量文献资料，不同土地利用类型污染物单位面积输出速率参数见表 3.1-9。

表 3.1-9　　　　不同土地利用类型污染物单位面积输出速率　　单位：t/(km²·a)

土地利用类型	总磷	氨氮	COD
农业为主区	0.06	0.3	12
林业为主区	0.05	0.5	—
城市生活区	0.25	0.65	30

根据土地利用类型与污染物单位面积的输出速率进行核算，茅洲河流域（宝安片区）COD、氨氮和总磷面源负荷分别为 10048.79t、603.01t 和 201.66t（见表 3.1-10）。可见，区域内面源污染亟待整治！

3.1.3 河道污染状况分析

根据《城市黑臭水体整治工作指南》设定沿河取样点，综合考虑暗涵以及河流大小，沿河布点 150 个。各河流沿河监测点水质统计见表 3.1-11。从

表 3.1－10　　　　茅洲河流域（宝安片区）各街道 2016 年面源污染负荷情况表

行政区	街　道	污染物排放量/(t/a)		
		COD	氨氮	总磷
宝安区	沙井、新桥街道	4686.94	270.86	95.81
	燕罗、松岗街道	5361.85	332.15	105.85
	合　计	10048.79	603.01	201.66

表 3.1－11　　　　　　　各河流沿河监测点水质统计

河流	布点编号	COD/(mg/L)	氨氮/(mg/L)	总磷/(mg/L)	黑臭级别
罗田水	1	28.59	0.76	0.34	重度黑臭
	2	31.60	20.69	0.20	
	3	40.63	6.42	0.16	
	4	64.71	20.41	0.22	
	5	73.74	19.31	0.38	
	6	195.6	31.63	2.68	
	7	243.8	29.97	1.95	
	8	118.9	19.17	1.71	
	9	173.1	22.08	4.1	
	10	139.9	30.66	1.47	
	11	138.4	22.35	1.63	
	12	109.8	22.08	1.77	
	13	112.9	21.24	1.49	
沙井河	1	162.50	12.65	4.42	重度黑臭
	2	138.40	9.22	9.01	
	3	91.80	8.22	10.71	
	4	124.90	14.76	4.56	
	5	115.90	8.55	4.18	
	6	109.80	7.61	3.62	

续表

河流	布点编号	COD/(mg/L)	氨氮/(mg/L)	总磷/(mg/L)	黑臭级别
松岗河	1	195.60	7.56	4.56	重度黑臭
	2	190.60	9.56	4.20	
	3	180.60	17.25	4.52	
	4	164.00	11.88	2.86	
	5	227.20	12.60	3.20	
	6	143.00	12.32	3.58	
	7	153.50	11.10	4.81	
	8	197.10	10.49	3.66	
	9	121.90	10.16	3.44	
楼岗河	1	150.37	27.77	1.45	重度黑臭
	2	80.47	8.52	0.99	
	3	77.22	8.38	0.63	
	4	175.56	34.28	4.83	
	5	203.44	36.64	4.77	
东方七支渠	1	43.64	4.18	0.71	重度黑臭
	2	162.50	9.05	3.02	
	3	120.40	10.05	3.20	
	4	75.25	7.78	4.14	
潭头渠	1	215.20	14.32	2.59	重度黑臭
	2	427.40	12.65	3.96	
	3	285.90	13.65	4.42	
潭头河	1	49.66	4.73	0.75	轻度黑臭
	2	85.78	16.27	0.36	
	3	63.21	17.8	0.5	
	4	81.27	14.61	0.28	
	5	179.1	61.99	2.25	

续表

河流	布点编号	COD/(mg/L)	氨氮/(mg/L)	总磷/(mg/L)	黑臭级别
潭头河	6	76.75	13.64	1.37	轻度黑臭
	7	90.3	15.3	1.21	
	8	96.32	14.89	1.17	
	9	117.4	14.26	1.31	
新桥河	1	171.60	1.31	0.12	重度黑臭
	2	58.69	7.82	0.40	
	3	161.00	8.24	4.10	
	4	36.12	14.89	6.80	
	5	349.10	13.92	6.21	
	6	60.20	15.99	6.39	
	7	49.66	16.13	24.62	
	8	45.15	17.10	24.62	
	9	37.62	16.69	25.07	
	10	45.15	17.38	2.47	
沙浦西排洪渠	1	227.20	40.10	4.38	重度黑臭
	2	144.50	24.86	2.74	
	3	185.10	27.49	2.55	
	4	158.00	22.99	2.57	
	5	132.69	22.65	2.72	
	6	122.70	47.58	35.07	
	7	196.64	48.13	1.49	
	8	37.57	15.44	2.63	
龟岭东水	1	81.27	16.27	0.28	重度黑臭
	2	85.78	17.38	0.12	
	3	307.00	65.03	0.14	
	4	284.40	60.46	0.18	
	5	111.40	22.23	0.12	

河流	布点编号	COD/(mg/L)	氨氮/(mg/L)	总磷/(mg/L)	黑臭级别
老虎坑水	1	149.00	7.81	1.55	轻度黑臭
	2	328.10	9.19	0.06	
	3	173.1	27.49	0.2	
	4	567.40	13.49	0.26	
	5	368.70	23.88	1.81	
	6	153.50	14.60	1.31	
	7	215.20	24.02	2.11	
共和涌	1	246.80	6.28	1.21	重度黑臭
	2	222.70	6.34	1.31	
	3	795.50	23.29	7.02	
	4	156.50	8.28	3.32	
衙边涌	1	87.29	6.50	20.36	重度黑臭
	2	149.00	14.87	3.26	
	3	135.40	16.92	25.56	
	4	120.40	7.89	5.01	
	5	168.50	7.56	4.58	
万丰河	1	421.40	15.76	5.25	重度黑臭
	2	478.60	23.07	5.27	
	3	430.40	23.02	5.17	
	4	185.10	14.87	6.13	
	5	189.60	16.20	4.44	
石岩渠	1	12.00	6.30	0.83	重度黑臭
	2	75.25	9.76	0.85	
	3	13.00	7.06	0.71	
	4	63.21	2.14	0.50	
	5	16.00	1.73	0.34	

续表

河流	布点编号	COD/(mg/L)	氨氮/(mg/L)	总磷/(mg/L)	黑臭级别
石岩渠	6	18.00	5.47	0.79	重度黑臭
	7	139.90	33.17	3.88	
	8	72.24	33.73	3.92	
	9	36.12	35.53	3.84	
	10	394.30	31.65	4.16	
	11	102.30	32.34	3.82	
	12	67.72	34.70	4.28	

表 3.1-11 中可以看出，各个沿河布点中 COD、氨氮、总磷值均较高，COD 大于 100mg/L、氨氮大于 20mg/L 的点位非常多，其中，龟岭东水的 3 号、4 号点位处，COD 浓度在 300mg/L 左右，氨氮浓度更是超过了 60mg/L，工业污染特征明显；并且连续的布点之间，三种污染物经常出现数值的突变情况，说明两个布点中间可能有未经处理或处理不达标的废水集中排入。工程范围内河道沿线，工业废水偷排入河现象严重，水质情况堪忧。

由以上监测情况可以看出，茅洲河流域宝安片区内部干支流绝大多数为重度黑臭，水质情况极差，工业污染特征明显，控制工业污染源迫在眉睫。

3.1.4　重点河道水质分析

3.1.4.1　罗田水沿河水质分析

罗田水位于松岗街道，又名罗田水库燕罗排洪渠，发源于罗田水库源头分水坳南，由北向南流经松岗街道燕川、罗田社区，穿过燕罗大道后，于东和公司处汇入茅洲河干流。罗田水共设有 13 处监测点，其水质监测情况见表 3.1-12，可以发现，6 号和 7 号监测点在林场支流水质明显受到严重污染，8 号监测点是林场支流和上游水库水的混合，所以水质稍好。结合现场 6 号监测点位于林场支流，大量污水汇入后，影响罗田水支流的断面水质，4 号之后的监测点氨氮均超过 15mg/L。9 号（大华路）监测点的磷浓度突然升高，表明该处有污水汇入。

3.1.4.2　沙井河沿河水质分析

沙井河是松岗镇与沙井镇的界河，起点为岗头水闸，由南向北折向西蜿

表 3.1-12 罗田水沿河监测点水质统计

编号	COD/(mg/L)	氨氮/(mg/L)	总磷/(mg/L)
1	28.59	0.76	0.34
2	31.60	20.69	0.20
3	40.63	6.42	0.16
4	64.71	20.41	0.22
5	73.74	19.31	0.38
6	195.6	31.63	2.68
7	243.8	29.97	1.95
8	118.9	19.17	1.71
9	173.1	22.08	4.1
10	139.9	30.66	1.47
11	138.4	22.35	1.63
12	109.8	22.08	1.77
13	112.9	21.24	1.49

蜒而行，于长安食品公司对面汇入茅洲河。沙井河共布置 6 个监测点，其水质监测情况见表 3.3-13。可以发现，沙井河整体氨氮在 8～15mg/L 之间，2号、3 号监测点总磷突然增高，附近有汽配企业和镀膜企业，有可能是生产过程的磷化废水超标排放引起。

表 3.1-13 沙井河沿河监测点水质统计

编号	COD/(mg/L)	氨氮/(mg/L)	总磷/(mg/L)
1	162.50	12.65	4.42
2	138.40	9.22	9.01
3	91.80	8.22	10.71
4	124.90	14.76	4.56
5	115.90	8.55	4.18
6	109.80	7.61	3.62

3.1.4.3 新桥河沿河水质分析

新桥河发源于羊台山，从长流陂水库溢洪道开始经广深高速公路、广深公路、新桥城区、沙井街道中心区，于岗头调节池汇入排涝河。新桥河共设置有 10 处监测点，其水质监测情况见表 3.1-14。新桥河 5 号监测点在新桥公园，该附近有汉流未截污，影响该点水质。另外 7～9 号监测点的磷浓度超过一般生活污水特征，表明上游在 7 号监测点附近有企业排放含磷废水，有可能是小企业进行磷化工艺加工，污水未处理直接排放造成磷浓度过高。

表 3.1-14　　　　　　　　　新桥河沿河监测点水质统计

编号	COD/(mg/L)	氨氮/(mg/L)	总磷/(mg/L)
1	171.60	1.31	0.12
2	58.69	7.82	0.40
3	161.00	8.24	4.10
4	36.12	14.89	6.80
5	349.10	13.92	6.21
6	60.20	15.99	6.39
7	49.66	16.13	24.62
8	45.15	17.10	24.62
9	37.62	16.69	25.07
10	45.15	17.38	2.47

3.2　排水建筑与小区污染调查

3.2.1　排水建筑与小区调查概况

3.2.1.1　调研背景

2017 年 12 月 29 日，中国电建集团华东勘测设计研究院有限公司（以下简称华东院）中标茅洲河流域（宝安片区）正本清源工程（初步设计＋勘察）。为响应深圳市宝安区环水局发布的《关于开展茅洲河流域（宝安片区）正本清源调查摸底工作的通知》（深宝环水〔2017〕249 号），华东院立即组建调查摸底队伍，联合茅洲河流域水环境整治指挥部、水环境公司、各施工标段对流域内工业仓储类、公共建筑类、居住小区类、城中村类建筑与小区（见表 3.2－1）的排水情况进行调查摸底。采用指挥部整体统筹、水环境公司外部协调、华东院设计指导、各标段现场实施的联动模式开展工作。通过一个月的调查发现，共计 725 个（12549 家）工业仓储类、276 个公共建筑类、93 个居住小区类及 61 个城中村类建筑与小区排水需进行正本清源改造。

表 3.2－1 茅洲河流域内已建排水的建筑与小区情况

分　类	用　地　类　型
工业仓储类	普通工业、新型产业及物流仓储用地
公共建筑类	商业服务业设施、公共管理与服务设施用地
居住小区类	一类、二类居住用地、新村住宅等
城中村类	城中村区域，不含老屋村

3.2.1.2　调研思路

摸排调研范围覆盖燕罗、松岗、沙井、新桥 4 个街道，对象主要针对茅洲河流域（宝安片区）内工业仓储类、公共建筑类、居住小区类排水小区，摸排其排水体制现状、水量、污水处理设施等，摸排方式采取一对一调查模式对现状排水系统进行梳理，对纳入本工程范围的排水建筑与小区实施调研，具体思路如下：

1. 本底排水系统梳理

结合现有雨污分流管网，对工程区域内未进行雨污分流的区域进行梳理，对于没有进行雨污分流的工业仓储类、居住小区类、公共建筑类建筑与小区进行重点排查，复核前期预留污水接入口以及附近污水干管位置，初步分析区域是否具备雨污分流条件，将可实施雨污分流管网建设的区域纳入正本清源工程的调查范围。

2. 排水建筑与小区调研

结合污染源调查情况以及现状排水系统的梳理情况，对各区域内部情况开展调查工作。对重点企业采取问卷调查形式，对一般企业、住宅以及公共建筑采用普查形式。

（1）工业仓储类小区重点调查涉水企业，对企业的人数、规模、用水情况、生产工艺、工业污水预处理情况、污水排放情况以及是否同意进行正本清源完善等情况进行系统调查；对一般企业进行基本信息的调查，包括企业的人数、规模、用水情况以及污水排放情况等；对于相对集中的工业园区采取通过管理部门进行统一调查等方式。

（2）公共建筑类小区着重调查医疗卫生机构，并将区域规模、污水类型以及水量、排放方式等情况调查清楚；对于以生活污水为主的公共建筑，需要调查区域规模、污水量以及排放方式等情况，并询问是否愿意进行雨污分流改造。

（3）2000 年之后建成的居住小区，其管理模式相对完善，调查对象主要为物业等管理部门，需要调查住宅区域的面积、人口、是否已进行雨污分流等；对于建设时间相对较长（2000 年之前）的住宅区域，多数没有进行彻底的雨污分流改造，并且其管理相对落后、资料不完善，调查难度较大。

（4）因老屋村多为一层砖瓦房（见图 3.2-1），根据深圳市宝安区环境保护和水务局（简称环水局）2018 年 1 月 22 日会议指示，此部分共计 0.27km² 不纳入工程范围。本书所提及的城中村不包含老屋村部分。

图 3.2-1　老屋村现场照片

3.2.2　工业仓储类小区调查情况分析

3.2.2.1　工业仓储类小区分布现状

按照宝安区环水局及街道的企业在管信息，茅洲河流域（宝安片区）调研的工业企业总数为 12549 家，具体如下：

1. 工业企业分布概况

茅洲河流域内多数工业企业呈工业园区分布，工业园区一般是指国家或区域的政府通过行政手段划出一块区域，聚集各种生产要素，在一定空间范围内进行科学整合，提高工业化的集约强度，突出产业特色，优化功能布局，使之成为适应市场竞争和产业升级的现代化产业分工协作生产区。

工业园区（聚集区）是产业聚集区的主要形式，一般是以若干工业行业为主体，行业之间关联配套，上下游之间有机链接，产业结构合理，充分吸纳就业，聚集效应明显，产业和城市融合发展的经济功能区。然而，茅洲河流域（深圳）目前分布的所谓的工业园区（聚集区），并不是一般意义上的工业园区（聚集区），而是在城市发展过程中工业分布相对集中的工业片区。

宝安区沙井、新桥、松岗、燕罗街道均存在大范围的工业企业，其分布情况如图3.2-2所示。工业区面积约占工程总范围的40%、建成区的49%，

图3.2-2 工程范围内工业区以及重点涉水企业的分布情况

其内部基本全部保留合流制排水体制，加之污水排放口位置错综复杂及现有管理措施严重滞后等，导致部分企业偷排漏排，将未经处理的工业废水直排入河，这种恶劣的做法对水体来说是毁灭性的伤害。图 3.2-2 中红色的区域是工业区（涉及工程范围内的 12549 家企业），可以看出在燕罗街道的罗田水片区、塘下涌工业区，松岗街道的松岗中心片区、沙浦片区，沙井街道的老城南片区、西片区，新桥街道的黄埔东片区、黄埔西片区等，工业企业聚集明显；300 家重点涉水企业中，接受此次调查的共 274 家，其余企业因停产或搬迁等原因未参与调查，从接受调查的企业分布情况可以看出，燕罗、松岗街道重点企业聚集情况不明显，基本均布在罗田水片区和塘下涌工业区，而沙井街道中沙浦片区、老城南片区、西片区重点涉水企业分布密集，老城、中心等片区主要为生活、居住区。

综上分析，现有的合流制排水系统存在排水管渠分布混乱、质量参差不齐、污水收集率低、不便于统一管理等缺点，从全流域水环境治理的总体理念出发，工程范围内部急需进行正本清源完善。

2. 电子信息制造业概况

电子信息制造业（电子产业）是研制和生产电子设备及各种电子元件、器件、仪器、仪表的工业，是军民结合型工业，由生产广播电视设备、通信导航设备、雷达设备、电子计算机、电子元器件、电子仪器仪表和其他电子专用设备等的行业组成。根据工业和信息化部电子信息产业公报统计，电子信息产业分为电子信息制造业、软件与信息技术服务业。在沙井松岗街道，电子信息制造业主要包括线路板制造以及电子元器件制造等。

线路板制造以及电子元器件制造的金属部件都需要电镀、表面处理等工艺支撑。电信行业的强劲增长和电子设备迸发的需求极大地推动了电镀在这一领域的增长。在新兴电子行业如微光电子行业发展中电镀也不可或缺，绝大多数现代传感器都采用了电镀技术。

目前，电镀行业长期存在生产资源结构不合理、普通级生产能力过剩的状况，各镀种生产能力规模不等，生产能力利用率不均，目前行业平均生产能力利用率不足 70%，低于国内外一般划定的 75% 的临界线。

（1）电镀企业状况。根据第一次全国污染源普查数据统计，截至 2007 年年底，深圳市共有专业电镀企业（指专门对外接受委托加工的电镀企业）及配套电镀企业（指由于生产工艺需要必须在厂内配套电镀生产线的企业）500 多家，工业总产值约 150 亿元；其中，专业电镀企业

372家，工业总产值合计63.1亿元。这500多家电镀企业中有300多家（其中210家为专业电镀企业）分布在宝安、龙岗两区，少数分布在南山、福田等区。

（2）线路板企业状况。作为电子信息产业的重要组成部分，印制线路板行业随着深圳市通信设备、计算机及其他电子设备制造业的快速发展而日益壮大。目前深圳已成为全国线路板行业发展最早、集约化程度最高的地区。据深圳市线路板行业协会调查，2008年年底深圳线路板企业总数达583家，相关配套的设备材料企业约250家，全市线路板行业总产值350亿元，占全国的28.7%。其中，宝安区是深圳市线路板企业最为集中的区域，全市583家线路板企业中有396家位于宝安区，主要集中在沙井、福永、松岗和西乡等几个街道。

由于重金属污染占据深圳市金属污染排放量的95%以上，深圳市已规划对电镀厂进行统一管理，在深圳市碧头第三工业区、江边工业区等区域拟建立西部电镀线路板基地。在随后的企业调研中，将重点对该电镀线路板基地进行重点调研分析。

3.2.2.2　问卷情况分析

调查问卷针对茅洲河流域（宝安片区）工业仓储类小区内12549家工业企业，分为两个部分：一是对工程范围内所有企业的分析（一般企业共12249家，其中1730家搬迁或停产，现存一般企业10519家）；二是针对300家重点涉水企业的详细分析（其中，8家为医疗机构，已归入公共建筑区域；18家企业为由于搬迁或停产等原因未参与调查，有效问卷共274份）。综上，参与本次调查的企业共10793家，除去不配合调查的2903家企业，有效调研的企业共7890家，企业类型见表3.2-2。

表3.2-2　　　　　有效调研的工业企业类型汇总

类　型	行业类别	数　量
重点监管企业	电镀、线路板等	119
	表面处理、酸洗等	149
	城镇污水处理	3
	印染等	3
	小计	274

续表

类　型	行业类别	数　量
一般企业	电子制造类	5117
	造纸、印刷类	456
	塑胶、橡胶类	559
	焊接、模具类	353
	其他企业	1131
	小计	7616
合　计		7890

注　其他企业包括投资发展类、商贸销售类、文化传播类、环保材料类以及无证工厂等。

茅洲河流域（宝安片区）范围内现存的一般企业约 10519 家，均在此次工业企业普查之列（见表 3.2 - 3）。普查内容包括企业类型、人数、用水量等。得到有效问卷的 7616 家企业总人数 46.0 万人，生活用水总量 3.85 万 t/d，工业用水总量 6.81 万 t/d。

在对企业类型的普查中发现，工程范围内的电子信息制造类企业较多，电镀、表面处理类企业尤为突出，这类企业约 5117 家，约占企业总数的 68%。该类企业在生产中产生重金属废水，若不达标排放，

表 3.2 - 3　　工业企业普查情况表

类　别	个　数
有效调研	7616
不配合	2903
合　计	10519

对水环境影响极大。因此对该类企业的调研分析尤为重要。

3.2.2.3　电镀相关企业产业链分析

工程范围内与电镀相关的企业有集中分布的趋势，在沙浦片区的碧头工业区、江边工业区分布尤为密集，该区域是深圳市西部电镀工业园规划所在地，经过政府产业结构整合后将成片聚集。电镀相关行业产业链如图 3.2 - 3 所示，上游产业（电镀、表面处理企业）生产印制电路板行业必需的零部件（LCD，驱动 IC 等），中游企业（线路板组装企业）进行组装形成液晶模组，下游企业（销售企业）进行进一步组装销售。部分大型企业包含了上游与中游企业的生产流程，故该部分电镀相关企业上、中游数量难以各自统计。通过对生产流程的分析发现，该产业链的上游以及中游部分是产生重金属含量高的工业废水的主要步骤，需要在此次正本清源完善工程中重点考虑。

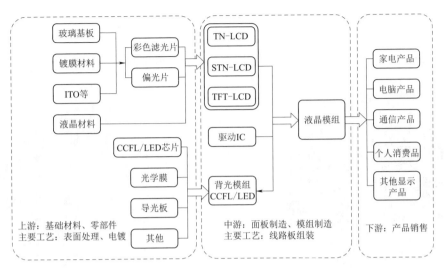

图 3.2-3　电镀相关行业产业链

3.2.2.4　重点涉水企业调查分析

茅洲河流域（宝安片区）范围内的企业多属污染相对较重的劳动密集型制造业，技术密集型企业较少。茅洲河流域（宝安片区）范围内参与调研的重点涉水企业有 274 家；重点涉水企业中，电镀、线路板等行业 119 家（44％），纺织、印染、印刷、造纸等行业 3 家（1％），表面处理、酸洗等企业 149 家（54％），如图 3.2-4 所示，其中城镇污水处理指松岗水质净化厂以及沙井污水处理厂等。各行业的企业分布较分散，部分企业未分布在现状的工业园区（聚集区），零星分布在居民区中，绝大多数涉水企业内的污水预处理设施为企业自建。

1. 企业规模分析

274 家重点企业总人数约 11.11 万人，总用水量约 135.88 万 t/月，其中，生活用水量约 0.685 万 t/d，工业用水量约 4.61 万 t/d。

图 3.2-5 为重点涉水企业的人数以及用水量情况。根据国资委对工业企业规模的划分标准对重点企业的规模进行了界定。从企业人数分布情况可以看出，重点企业中人数在 300 人以下（小型企业）的企业占了约

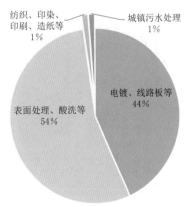

图 3.2-4　参与调研重点涉水
企业类型分析（单位：家）

71%，而人数大于 300 人小于 1000 人（中型企业）的占 24%，人数大于 1000 人小于 3000 人的共 9 家，约占 3%，而人数超过 3000 人的特大企业有 4 家，占比 2%。以上数据说明工程范围内的中小型重点企业占绝大多数。

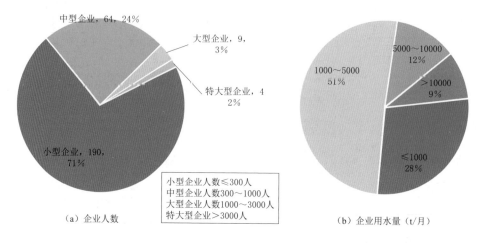

图 3.2 - 5　重点涉水企业人数以及用水量分析

对重点涉水企业用水量进行调查发现，用水量在 5000t/月（200t/d）以下的企业超过 50%，而用水量大于 10000t/月（400t/d）的企业仅占 9%。按照《深圳市污水管网建设通用技术要求》及《深圳市城市规划标准与准则（正式发布稿）》中的污水量排放标准规定，工业企业用水量预测污水量的折减系数取 0.85，则大部分重点涉水企业污水量小于 170t/d，排污水量大于 340t/d 的企业仅占 8%，排污水量大于 800t/d 的共 7 家，为华生电机（3400t/d）、信隆实业（1313t/d）等。

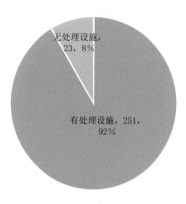

图 3.2 - 6　重点涉水企业污水处理设施统计

2. 企业污水处理情况调查

对 274 家重点涉水企业是否有污水处理设施进行了调查，结果如图 3.2 - 6 所示。其中，大多数企业（92%）有污水处理设施，少数企业（8%）没有设置污水处理设施。对于有污水处理设施的企业，对其进出水水质进行了调查，绝大多数企业出水水质达标，但是这部分企业的污水处理设施大部分为自建，自动化程度低，出水水质稳定性难以保障，可考虑集中重建，更新换代；而对于没有设置污水处理设施的企业，在正本清源过程中需要重点关注。此次调研对企业中的污水处理设施以及工艺进行了调研。图 3.2-7 是典型电镀污水处理工艺，其中前处理以及过滤、吸附过程不是每家企业都具备。

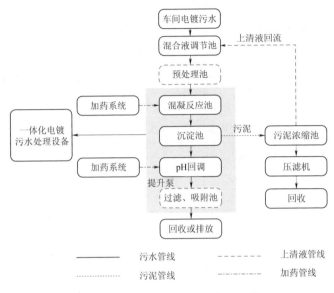

图 3.2-7　典型电镀污水处理工艺

3. 企业污水排出方式调查

对重点涉水企业的污水排出方式进行了统计，如图 3.2-8 所示。调查发现，重点涉水企业中，仅有 6% 的企业将污水接入分流管网，8% 的企业污水直排入河，大部分（86%）的企业将污水排入合流管。在后期的改造中，污水直排入河以及排入合流管的企业均应进行改造，使其污水接入分流管网，以提高污水收集率。

由以上调查可以看出，工程范围内的多数重点企业规模不大，重点企业污水处理设施配置情况不尽完善，多数重点企业排水系统仍保留合流制或直排入河，不利于工业污水的收集，更不利于环保监管。

3.2.2.5　工业仓储类小区调查结论

通过对工业企业的调研得出以下

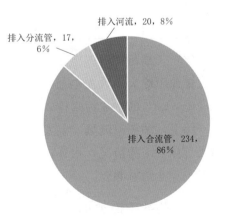

图 3.2-8　重点涉水企业的污水
排出方式统计

结论：

（1）参与调研的工业类小区共 12549 家，总面积约 44.63km²，其中已实施雨污分流建设的区域面积 1.1km²（2.5％），未实施雨污分流的工业小区共 723 个，面积 43.53km²（97.5％），具体见表 3.2-4。

（2）参与调查的所有企业（重点与非重点企业）7890 家，总人数 57.1 万人，生活污水总量约 4.53 万 t/d，工业污水总量约 11.19 万 t/d，见表 3.2-5。重点监管企业无论从企业规模还是工业用水两方面均远高于非重点企业，需要重点关注。

表 3.2-4　　　　　　　　　　　4 个街道工业仓储类小区调研表

街　道	本次正本清源工业类小区个数	本次正本清源面积/km²	已实施雨污分流区域面积/km²
燕罗街道	176	9.27	0.00
松岗街道	253	13.12	0.49
沙井街道	172	10.85	0.66
新桥街道	122	10.29	0.00
合　计	723	43.53	1.1

表 3.2-5　　　　　　　　　　　工业企业调研情况汇总

企业类别	企业个数	总人数/万人	生活污水总量/(万 t/d)	工业污水总量/(万 t/d)
重点企业	274	11.1	0.68	4.38
一般企业	7616	46.0	3.85	6.81
总　计	7890	57.1	4.53	11.19

（3）工程范围内的电子制造业数量较多，占一般企业总数的 68％左右；重点企业中绝大多数为电镀、线路板相关企业，其中，92％企业具备污水处理设施，94％的企业污水排入合流管或河流。

综上，茅洲河流域（宝安片区）内工业仓储类小区排水大多尚存在合流制或直排入河的情况，水环境源头污染严重，对该流域开展水环境污染源头治理工程非常有必要。

3.2.3　公共建筑类小区调查情况分析

经过梳理分析，纳入调查范围的公共建筑类小区共 295 个，总面积约

$5.8km^2$，其中已实施雨污分流建设的区域面积 $0.5km^2$（9％），未实施雨污分流的住宅区域共 276 个，面积 $5.3km^2$（91％），具体见表 3.2-6 和图 3.2-9。公共建筑类小区承担了一定的社会责任，应起到示范作用，做好水环境污染源头治理工作。

表 3.2-6　　　　　　　　　4 个街道公共建筑类小区调研表

街　道	本次正本清源公共建筑类小区个数	本次正本清源面积 $/km^2$	已实施雨污分流建设的区域面积 $/km^2$
燕罗街道	38	0.77	0.05
松岗街道	116	1.52	0.25
沙井街道	68	1.43	0.07
新桥街道	54	1.53	0.10
合　计	276	5.3	0.5

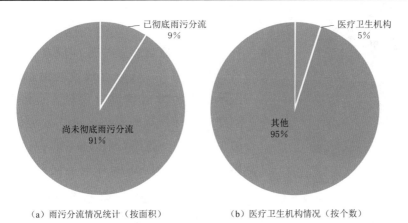

（a）雨污分流情况统计（按面积）　　　　　（b）医疗卫生机构情况（按个数）

图 3.2-9　公建区域雨污分流以及医疗卫生机构情况统计

　　医疗卫生机构有其独立的排放标准，故单独统计。纳入调查的公共建筑类小区中，有 14 家医疗卫生机构，占总数的 5％。调研中发现，医疗卫生机构对此次正本清源改善工程态度不乐观，主要因为院内主要为病人，需要安静的疗养环境，管网敷设势必会破坏医院内部宁静的环境，故此部分区域的改造协调有一定难度，工程实施期间需要重点协调。

3.2.4　居住小区类调查情况分析

　　居住小区类主要是城市居民住宅用地。经过梳理分析，纳入调查范围的居住小区类排水小区共 184 个，总面积约 $7.7km^2$。调查情况显示，已实施雨污分流建设的区域共 91 个，面积 4.7km²（61%）；未实施雨污分流的住宅区域共 93 个，面积 3.0km²（39%），详见表 3.2－7 和图 3.2－10。

表 3.2－7　　　　　　　　　4 个街道居住小区调研表

街　道	本次正本清源居住小区个数	本次正本清源面积/km²	已实施雨污分流建设的区域面积/km²
燕罗街道	5	0.14	0.33
松岗街道	29	0.95	1.17
沙井街道	39	1.17	2.57
新桥街道	20	0.78	0.65
合　计	93	3.0	4.7

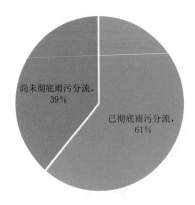

图 3.2－10　居住小区类雨污分流情况统计（按面积）

其中，未进行雨污分流的居住小区主要分为两类：

第一类是成熟小区，多建成于 2000 年左右，高层建筑居多，小区环境良好，路面及周边景观完善，多数有成熟的物业管理。该区域的雨污分流建设争议较大，协调困难。前期未进行分流的新村区域多数为集体所有的小产权房，该部分住宅的雨污分流改造工作协调困难，房屋所有人不同意进行改造。例如位于红星东方片区宝安大道旁的红星国际新城，是典型的小产权房。

第二类是质量不佳或建设不够完善的小区，这类建筑许多没有基础，在雨污分流建设中，存在许多由于居民的反对而难以进行施工的情况，例如步涌片区内的步涌新村，居民考虑到施工可能影响房屋质量而强烈反对施工。

综上可知，居住小区类排水小区面积小（相对于工业仓储类小区），协调难度大，可通过社区街道加大协调力度，逐步实施正本清源。

3.2.5　城中村类小区调研情况分析

旧村区建筑主要特点为建筑分布杂乱、密集，道路狭窄，楼房、砖房及土房并存，人口相对集中；巷道设置杂乱、宽度不一，大多巷道宽度在 2m 左右，部分老旧城中村巷道宽度窄的地方不到 1m，且巷道贯通性差，新建管道敷设空间不够；房屋地基深度和处理强度不一，铺设管线对周边的建筑基础影响较大。如老城片区衙边社区与江边旧村，巷道宽度不足 2m，前期雨污分流管网工程曾考虑将管道敷设进去，但居民强烈反对施工，最终未施工。

基于以上实际情况，深圳以往的做法是以在城中村区域实施总口截流方案为主，大部分均未在内部实施雨污分流。

本次共调研了 83 个城中村，总面积 5.75km²，前期已实施雨污分流建设的区域共 22 个，面积 1.0km²（17%）；大部分区域未实施雨污分流，共 61 个，面积 4.75km²（83%）。具体见表 3.2-8 和图 3.2-11。

表 3.2-8 4 个街道城中村类调研表

街　道	本次正本清源城中村个数	本次正本清源面积/km²	已实施雨污分流区域面积/km²
燕罗街道	7	0.51	0.21
松岗街道	21	0.99	0.45
沙井街道	21	1.76	0.07
新桥街道	12	1.49	0.23
合　计	61	4.75	1.0

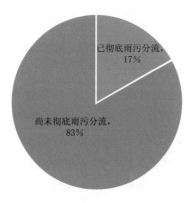

图 3.2-11 城中村类雨污分流情况统计（按面积）

第4章

建筑小区管网建设与改造

4.1 技术路线

4.1.1 排水体制的选择

排水体制的选择应根据城市规划、城市建设的实际情况、当地降雨情况和污水排放标准、原有排水设施、污水处理和利用情况、地形和水体等条件综合考虑确定。排水体制对城市的规划和环境的保护影响深远，同时也影响到排水系统的投资和运行维护费用。

一般来说，排水体制主要分为两种：一种是合流制；另一种是分流制。

图4.1-1所示为合流制排水系统，它是采用同一管渠收集和输送雨、污水的排水体制，虽然旱季可以保证污水进入污水处理厂，但是在雨季降水量大时，一部分污水会溢流进入水体，污染水体环境，因此适用于降水量少的干旱地区。由于茅洲河流域降水量大，且现状河道均已无环境容量，工程相关规划的要求也是对建成区逐步改造升级为完全雨污分流制。

图4.1-2所示为完全分流制排水系统，雨水、污水分别在两个独立的系统内排放，可以减少城市污水对水体的污染，同时减少污水处理厂的建设规模和造价，减少污水雨季入河的排量，有利于保护水环境。

根据相关规划及《深圳市小区排水清源行动技术指引》，结合实际情况，本工程内的城市更新区域现场已在拆迁，内部基本无污水，考虑采用截流初期雨水完全分流制排水系统，如图4.1-3所示。

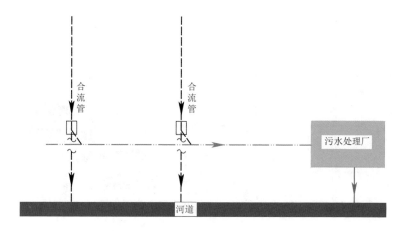

图 4.1-1 合流制排水系统

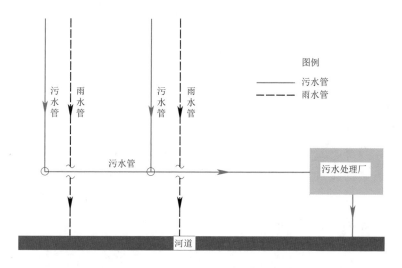

图 4.1-2 完全分流制排水系统

在《深圳市总体规划修编 (2008—2020)》《深圳市污水系统布局规划 (2011—2020)》《深圳市排水管网规划——茅洲河流域》中确定本工程设计区域的排水体制为分流制。

由于在前期雨污分流管网建设中,已经进一步完善了干管系统,并沿片区内部市政路敷设二级污水干管,在工业区、住宅小区等外部主要道路敷设了三级干管,将原有合流管作为雨水管,实现雨污分流,本次源头整治以此为基础,沿用片区管网设计的思路,采用分流制排水系统,将污水管道敷设

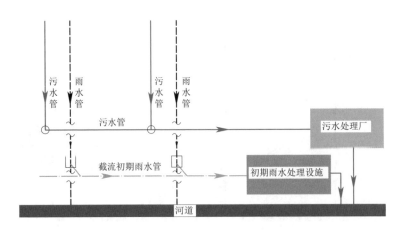

图 4.1 - 3　截流初期雨水完全分流制排水系统

入工业区、公共建筑、居住小区及城中村内部，以实现工程范围内旱季污水全覆盖收集。

4.1.2　管网建设技术路线

根据《深圳市正本清源行动技术指南》，结合现场不同的建设条件，可将已建排水的建筑与小区分为五类：

Ⅰ类：只有 1 套合流排水系统，有条件新建雨水立管且有条件新建 1 套小区排水管道的建筑与小区。

Ⅱ类：只有 1 套合流排水系统，无条件新建雨水立管且有条件新建 1 套小区排水管道的建筑与小区。

Ⅲ类：有雨污 2 套排水系统，有条件新建雨水立管的建筑与小区。

Ⅳ类：有雨污 2 套排水系统，无条件新建雨水立管的建筑与小区。

Ⅴ类：只有 1 套合流排水系统，内部无法新建 1 套排水管道的建筑与小区。

分类排水的建筑与小区的界定条件详见表 4.1 - 1。

根据分类排水的建筑与小区的特点，分别拟订正本清源方案，详见表 4.1 - 2 和图 4.1 - 4～图 4.1 - 8。

对于茅洲河流域（宝安片区）源头污染综合整治范围内工业仓储类排水建筑与小区内部的雨污分流改造，依据"雨污分流、污废分流、废水明管化、雨水明渠化"的要求开展，即：

表 4.1－1 分类排水的建筑与小区的界定条件

类别	现状排水系统数量/套	能否进行立管改造		能否新建一套小区排水管道	
		建设条件	界定条件	建设条件	界定条件
Ⅰ类	1	能	小区建筑不高于14层，且建筑外墙有足够的空间可以安装排水立管	能	路面宽度不小于2m，地下空间足够，周边建筑安全情况允许施工
Ⅱ类	1	否	（1）小区建筑高于14层；（2）建筑外墙无空间安装排水立管；（3）居民主观不同意立管改造	能	路面宽度不小于2m，地下空间足够，周边建筑安全情况允许施工
Ⅲ类	2	能	小区建筑不高于14层，且建筑外墙有足够的空间可以安装排水立管		—
Ⅳ类	2	否	（1）小区建筑高于14层；（2）建筑外墙无空间安装排水立管；（3）居民主观不同意立管改造		—
Ⅴ类	1	—		否	（1）路面宽度小于2m；（2）地下管线密集，无埋管空间；（3）周边建筑安全情况不允许施工；（4）居民主观不同意施工

表 4.1－2 分类排水的建筑与小区正本清源方案

类别	方案
Ⅰ类	将原有建筑的合流系统改为污水系统，直接入市政污水系统；新建建筑的雨水立管及小区内部雨水系统接入市政雨水系统
Ⅱ类	小区内新建雨水系统接入市政雨水系统，原有建筑的合流立管末端设溢流设施接入新建小区的雨水系统内；原有小区的合流系统作为污水系统
Ⅲ类	将原有合流立管接入小区现状污水系统，新建建筑的雨水立管接入小区现状雨水系统
Ⅳ类	原有建筑的合流立管接入小区现状污水系统，立管末端设溢流设施接入小区现状雨水系统
Ⅴ类	在小区出户管接入市政管道前设置限流设施进行截污

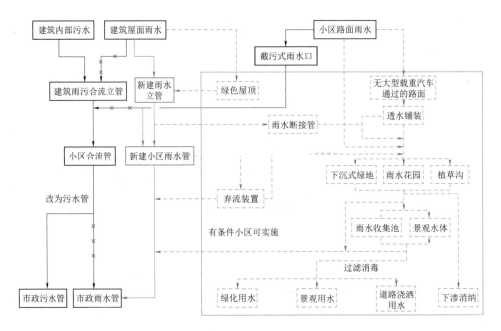

图 4.1-4　Ⅰ类排水建筑小区正本清源改造方案示意图

------▶ 雨水选择性排放路径；　——▶ 雨水主要排放路径

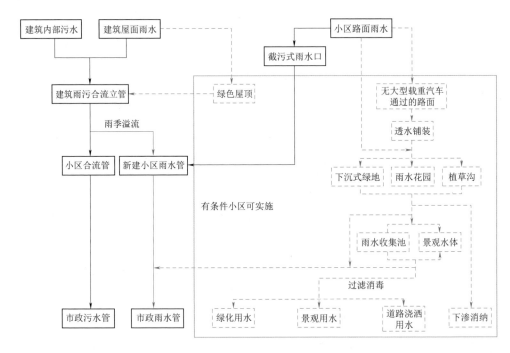

图 4.1-5　Ⅱ类排水建筑小区正本清源改造方案示意图

------▶ 雨水选择性排放路径；　——▶ 雨水主要排放路径

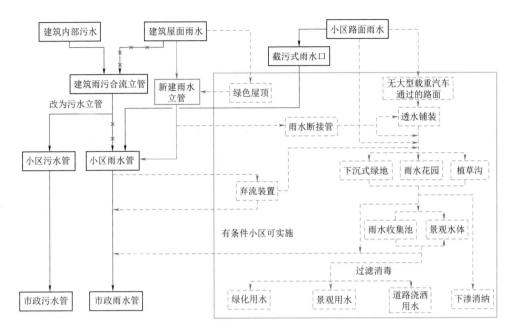

图 4.1-6　Ⅲ类排水建筑小区正本清源改造方案示意图

------▶ 雨水选择性排放路径；　——▶ 雨水主要排放路径

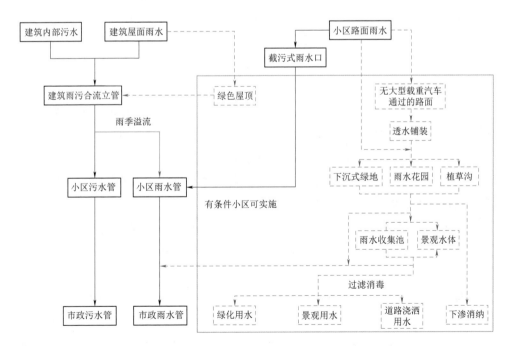

图 4.1-7　Ⅳ类排水建筑小区正本清源改造方案示意图

------▶ 雨水选择性排放路径；　——▶ 雨水主要排放路径

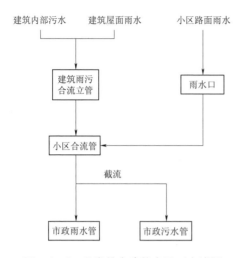

图 4.1-8　V类排水建筑小区正本清源改造方案示意图

（1）雨污分流：将企业内部雨水与污水分开收集。

（2）污废分流、污污分流：企业内生活污水和工业废水原则上均应进行分流，工业废水应按照废水中污染物类型分类收集，做到"污污分流"，不同类型的污染物采用不同的废水处理工艺预处理后进行集中处理。企业内部进入污水处理站之前的工业废水管的"污污分流"改造不属于本次整治范围，由企业逐步自行改造。

（3）雨水明渠化：对于采用雨水管道的所有企业，应将雨水管道明渠化。新建一套雨水明渠，收集地面和雨水立管的雨水，雨水明渠采用雨水箅子覆盖，可通过缝隙观察明渠内水流情况。

（4）废水明管化：对采用埋地设置生产废水管网的重点企业，应新建一套废水明管，并在管道上标明污水流向和污水类型，对原有的废水管道进行封堵、报废；企业生活污水管网走向应简单清晰，且需要接入地下化粪池，不进行明管化改造。

工业企业内部污水排出方式如图 4.1-9 所示。

工业废水处理系统由企业自行改造，处理达标后可接入本工程预留的管理井，由政府统一监督。其生活区的清源改造主要执行 I ～ III 类清源方案。

对于茅洲河流域（宝安片区）源头污染综合整治范围内的公共建筑类排水建筑与小区，由于其用地类型主要为商业服务设施用地和公共管理与服务，清源改造主要执行 I ～ IV 类清源方案。

对于茅洲河流域（宝安片区）源头污染综合整治范围内居住小区类排水建筑与小区，其用地类型主要为一类、二类居住用地，正本清源主要执行 I ～ IV 类清源方案。

对于茅洲河流域（宝安片区）源头污染综合整治范围内城中村类排水建筑与小区，根据《深圳市城中村综合治理标准指引的通知》（深城提办〔2018〕3 号）及指南中规定，城中村的实施需遵循"能分则分，不能分则截"的原则，按照 I ～ V 类清源方案进行雨污分流改造或外围截污：①确保

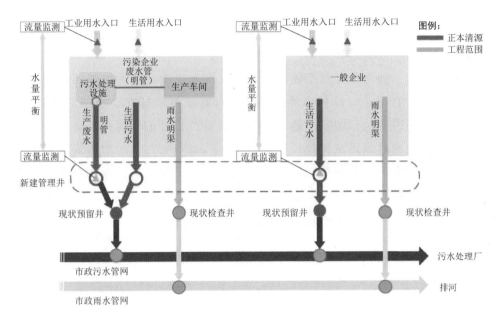

图 4.1-9　工业企业内部污水排出方式

具备条件的实施雨污分流。具备雨污分流条件的城中村，楼栋及村内需有雨污两套排水系统，实现雨污分流排放。房屋立管与巷道支管需接驳正确，雨污水总口与市政干管接驳正确。②确保不具备条件的实现污水就地就近收集处理。不具备雨污分流条件的城中村，每栋每户污水实现管道收集。可建设一体化污水处理设施，出水水质满足 GB 18918—2002《城镇污水处理厂污染物排放标准》一级 A 及以上排放标准，无条件建设一体化设施或已纳入城市更新计划（2020 年前确定实施）的，结合实际在城中村内保留和建设完善截流式合流制排水体制，将污水截排至市政污水系统，实现旱季污水全收集全处理。

4.2　排水建筑与小区源头治理

4.2.1　工业仓储类小区管网建设方案

4.2.1.1　工业仓储类小区污废水排放标准

　　根据深圳市人居环境委员会"雨污分流、污废分流、废水明管化、雨水明渠化"的要求，工程在实施过程中，仅对工业仓储类小区内产生的生活污水进行收集；在工业小区污水处理设施周边 5～8m 处设置管理井，企业产生的工业废水，企业应利用自己的污水处理设施进行处理，经环保部门验收达标后方可自行接入管理井内。

根据国家、地方及行业排放标准，针对排入建成运行的城镇污水处理厂的工业废水，有行业排放标准的应优先执行行业排放标准要求的三级标准，无行业排放标准的执行国家或地方污水综合排放标准的三级标准，此外，工业废水排放应同时满足城镇建设行业标准 CJ 343—2010《污水排入城镇下水道水质标准》中的有关规定。但茅洲河流域（宝安片区）工业区密集、污染严重，建议执行二级甚至一级排放标准，具体排放标准见表 4.2-1。

表 4.2-1　　　　　　　　工业废水排放标准基本执行方案

序号	标准类型	标准名称	污染物排放控制要求	标准执法次序
1	综合性排放标准	DB44/26—2001《水污染物排放限值》	第一类污染物执行第一时段标准；第二类污染物执行第二时段二级标准	无行业标准时执行
2	城镇建设行业标准	CJ 343—2010《污水排入城镇下水道水质标准》	满足规定的污染物最高允许排放浓度要求	与行业标准和综合性标准同时执行
3	行业排放保准	DB44/1597—2015《电镀水污染物排放标准》 GB 21900—2008《电镀污染物排放标准》 GB 4287—2012《纺织染整工业水污染物排放标准》 GB 18918—2002《城镇污水处理厂污染物排放标准》 GB 3544—2008《纸浆造纸工业水污染物排放标准》	满足规定的污染物最高允许排放浓度要求	优先执行
4	行业排放保准	GB 18466—2005《医疗机构水污染物排放标准》	满足规定的污染物最高允许排放浓度要求	优先执行

注　表格中提出的废水排放标准执行方案主要针对第一类污染物以外的其他污染物。

根据以上分析，电镀、线路板、酸洗、表面处理等涉及电镀工艺的企业可执行 DB44/1597—2015《电镀水污染物排放标准》，标准内规定珠三角现有项目（自 2012 年 9 月前环境影响评价文件已获批准的电镀企业、电镀专业园区）执行表 4.2-2 中规定的水污染物排放限值。

表 4.2-2 《电镀水污染物排放标准》表 1 中规定限值

序号	污染物	排放限值		污染物排放监控位置
		珠三角	非珠三角	
1	总铬/(mg/L)	0.5	1.0	车间或生产设施废水排放口
2	六价铬/(mg/L)	0.1	0.2	车间或生产设施废水排放口
3	总镍/(mg/L)	0.5	0.5	车间或生产设施废水排放口
4	总镉/(mg/L)	0.01	0.05	车间或生产设施废水排放口
5	总银/(mg/L)	0.1	0.3	车间或生产设施废水排放口
6	总铅/(mg/L)	0.1	0.2	车间或生产设施废水排放口
7	总汞/(mg/L)	0.005	0.01	车间或生产设施废水排放口
8	总铜/(mg/L)	0.5	0.5	企业废水总排放口
9	总锌/(mg/L)	1.0	1.5	企业废水总排放口
10	总铁/(mg/L)	2.0	3.0	企业废水总排放口
11	总铝/(mg/L)	2.0	3.0	企业废水总排放口
12	悬浮物/(mg/L)	30	50	企业废水总排放口
13	化学需氧量（COD）/(mg/L)	80	80	企业废水总排放口
14	氨氮/(mg/L)	15	15	企业废水总排放口
15	总氮/(mg/L)	20	20	企业废水总排放口
16	总磷/(mg/L)	1.0	1.0	企业废水总排放口
17	石油类/(mg/L)	2.0	3.0	企业废水总排放口
18	氯化物/(mg/L)	10	10	企业废水总排放口
19	总氰化物（以 CN^- 计）/(mg/L)	0.2	0.3	企业废水总排放口
单位产品基准排水量（镀件镀层）/ (L/m²)	多层镀	250	500	排水量计量位置与污染物排放物排放监控位置一致
	单层镀	100	200	

注 单位产品基准排水量仅适用于专业电镀企业，其他含电镀工序企业单位产品基准排水量可参照相关行业标准和环境影响评价批复执行。

印染、纺织等企业可执行 GB 4287—2012《纺织染整工业水污染物排放标准》，造纸等企业可执行 GB 3544—2008《纸浆造纸工业水污染物排放标准》，城镇污水处理厂可执行 GB 18918—2002《城镇污水处理厂污染物排放标准》，医疗废水可执行 GB 18466—2005《医疗机构水污染物排放标准》，工业区、公共建筑、居住小区、城中村等产生的生活污水统一执行 CJ 343—2010《污水排入城镇下水道水质标准》。

其他类企业产生的废水可执行广东省地方标准 DB44/26—2001《水污染物排放限值》第二时段二级标准（见表 4.2-3）。

表 4.2-3　　　　　　DB44/26—2001《水污染物排放限值》
第二时段二级标准规定限值（部分）

序号	污染物	适 用 范 围		一级标准	二级标准	三级标准
1	pH	一切排污单位		6～9	6～9	6～9
2	色度	一切排污单位		40	60	—
3	悬浮物	采矿、选矿、选煤工业		70	200	
		制浆、制浆造纸、造纸		100	100	400
		合成氨工业	大型企业	60	60	400
			中型企业	100	100	400
		磷铵、重过磷酸钙、硝酸磷肥工业		30	50	200
		城镇二级污水处理厂		20	30	—
		其他排污单位		60	100	200
4	五日生化需氧量	制浆、制浆造纸	木浆	50	70	600
			非木浆	50	100	600
		天然橡胶乳加工、酒精、味精、皮革、化纤浆粕工业		20	70	600
		甘蔗制糖、苎麻脱胶、湿法纤维板、染料、洗毛、聚氯乙烯、造纸		20	60	600
		纺织染整、养殖、屠宰、肉制品加工		20	40	300
		城镇二级污水处理厂		20	30	—
		其他排污单位		20	30	300

序号	污染物	适 用 范 围	一级标准	二级标准	三级标准
5	化学需氧量	制浆、制浆造纸	200	350	1000
		酒精、味精、医药原料药工业	100	250	1000
		生物制药、皮革、苎麻脱胶、化纤浆粕工业、天然橡胶乳加工、合成脂肪酸、湿法纤维板、染料、洗毛、有机磷农药工业	100	200	1000
		纺织染整工业	100	130	500
		造纸	100	130	1000
		聚氯乙烯工业	80	100	500
		养殖、屠宰、肉制品加工	70	100	500
		石油化工工业（包括石油炼制）	60	120	500
		城镇二级污水处理厂	40	60	—
		其他排污单位	90	110	500
6	石油类	合成氨工业	5.0	5.0	20
		其他排污单位	5.0	8.0	20
7	动植物油	一切排污单位	10	15	100
8	挥发酚	合成氨工业	0.1	0.1	2.0
		其他排污单位	0.3	0.5	2.0

工业区产生的生产废水需经自行建造的污水处理设施处理后，由环保相关部门进行达标验收，针对污染较重、对污水处理厂冲突较大的几类指标如COD、氨氮、BOD_5、磷酸盐等，建议环保相关部门在上述表格规定的基础上，可考虑提出更为严格的污染控制标准。待验收达标后，企业可将处理后的污水自行接管接入工程预留的管理井内。

4.2.1.2 工业仓储类小区管网建设方案

根据前期调研结果，工业仓储类小区可分为重点涉水企业和一般企业。通过对工业仓储类小区的分析，管网设计思路可分为两种：保留现状系统作为污水系统、新建一套雨水系统；保留现状系统作为雨水系统、新建一套污水系统。

1. 一般工业企业正本清源设计方案

(1) 利用现状管网作为污水系统，新建一套雨水系统。现状排水系统：一般工业企业主要特点为密集、成片分布，多为2～5层的低矮楼房，排水系统多为村里或厂区自建，周边各厂区内生活污水通过混流立管排入厂区内自建合流沟，尺寸多为200mm×200mm～400mm×400mm，沿着厂区排入工业群主干道上的合流制系统，进而通过此合流系统排入附近的小河涌。例如，新桥第二工业区厂区密集，成群分布，厂区内仅有一套合流沟系统，统一汇入工业区内主路上的合流沟系统，经汇集，统一汇入旁侧小河涌（见图4.2-1）。

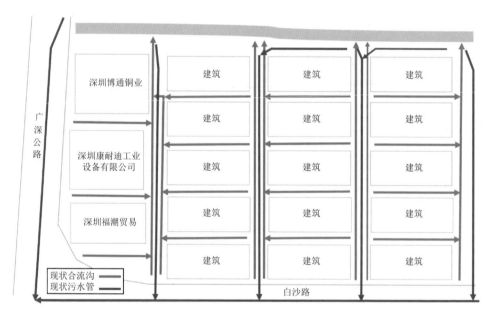

图4.2-1 新桥第二工业区排水系统现状图

适用条件：根据现场实际情况，小河涌内因污染汇集，污染严重，合流沟系统也有较多污染物。因厂区内部雨污水均排入厂区内部的合流沟中，较多厂区污染源不明确或存在合流立管无法改造等情况，将污水从原合流沟系统中彻底分出来接入市政管网内较为困难，且造价较高，施工不便。

实施方案：此种情况下，可考虑将合流系统内的雨水分离出来，接入分流的雨水管网系统，此方案可保证雨水彻底从原合流系统内分离，满足雨季过流，节约造价，且大大减少了雨季污水处理厂水量负荷过大、低浓度运行的状态。

因此，此类小区的方案为：保留现状排水系统作为污水系统（若为渠道，则加盖板封死，防止臭气外溢），接入茅洲河流域（宝安片区）前期片区雨污分流管网工程新建的污水管中；废除与现状排水系统相连的雨水口、雨水边沟、建筑排水立管，新建一套雨水管网系统、雨水口收集系统及建筑屋面排水立管系统，实现该区域雨污分流排放，如图 4.2-2 所示。同时，加入弃流井、环保雨水口、下沉式绿地等海绵设施，截走区域内面源初期污染。

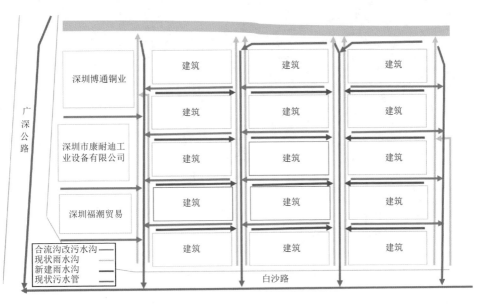

图 4.2-2　新桥第二工业区新建雨水系统方案示意图

此做法最大程度地利用了现状管网系统、新建片区雨污分流管网系统，保证了与原有系统的衔接，同时做到雨污彻底分离，减小污水处理厂运行负荷，也使施工和协调难度大大降低。

（2）利用现状管网作为雨水系统，新做一套污水系统。现状排水系统：少部分工业企业主要特点为企业内污染源明确，且现场有条件新建立管系统，现状为一套合流排水系统。

实施方案：可沿厂区内主要道路新增污水管，废除与现状排水系统相连的污水排放口、合流立管等，使其接入新增的污水系统内；同时将现状排水系统作为雨水系统，新建雨水口收集系统及建筑屋面排水立管系统，接入已有的雨水系统，实现该区域彻底的雨污分流排放（见图 4.2-3）。

2. 重点企业小区正本清源设计方案

茅洲河流域（宝安片区）内重点企业共计调研 274 家，其中大多数为电

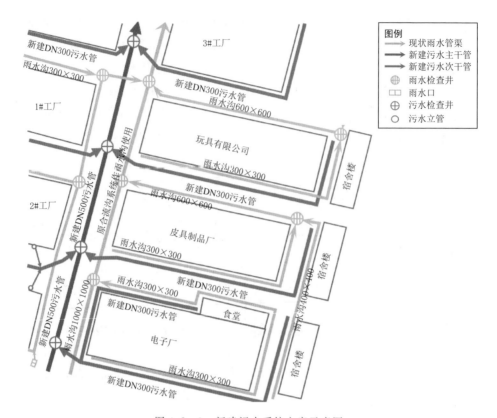

图 4.2 - 3　新建污水系统方案示意图

镀、线路板、表面处理、酸洗的企业，生产工艺较为繁杂，根据环保要求，各厂区工业废水须按照 4.2.1.1 中排放标准的要求进行处理，由环保部门验收达标后，自行接入本工程设置的管理井内。

实施方案：厂区内产生的工业废水在设计过程中不予接入，在厂区内部污水处理设施周边 5~8m 内新建管理井，接入市政管网内。企业产生的工业废水经处理达标后自行处理，经环保验收达标后可自行接入设计预留的管理井内。对于厂区内产生的生活污水，其方案根据实际情况参照一般企业的设计方案执行。

（1）方案示例 1——洪桥头健统公司。洪桥头健统公司是茅洲河流域工业区一种典型的独立厂区存在的情况，其生产车间和宿舍生活区在同一个厂区内，占地面积 12829m²。宿舍生活区位于厂区西侧，厂内有套简易的工业废水处理装置，位于厂区南侧。厂区主要污染源为宿舍生活区和厂区南侧的废水处理区，宿舍区生活污水通过立管排入厂区西侧路边 500 mm×400 mm

合流沟，但现场有大量污水从地面溢出，南侧废水处理区装置出水经排水边沟排入路边 500mm×400mm 合流沟，工厂内有两条 DN400 合流管自西向东接入路边 500mm×400mm 合流沟。现状合流排水沟的淤积和水质污染情况严重，如图 4.2-4 所示。

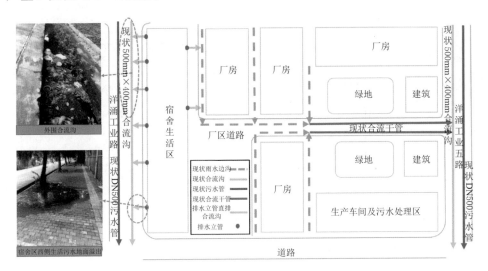

图 4.2-4　健统公司现状排水系统

健统公司厂区正本清源设计方案如图 4.2-5 所示。对于健统公司厂区内产生的工业废水，在设计过程中不予接入，在处理设施周边 5～8m 内新建管理井，接入市政管网内。企业产生的工业废水自行处理，经环保验收达标后可自行接入设计预留的管理井内。对于厂区内产生的生活污水，因污染源较为明确，可废除与现状排水系统相连的污水排放口、合流立管等，使其接入新增的污水系统内；同时将现状排水系统作为雨水系统，新建雨水口收集系统及建筑屋面排水立管系统，接入已有的雨水系统，实现该区域雨污分流排放。

（2）方案示例 2——德昌电机宿舍区。德昌电机宿舍区位于黄埔西片区新沙路和沙井中环路交叉口，占地面积 17221m²，宿舍区与生产区分开，该地是茅洲河流域工业区内典型的生活区污水污染源，主要污染源为卫生间及室内厨房、盥洗废水，现场排水系统为雨污合流系统。卫生间污水进入化粪池，室内厨房、盥洗废水进入建筑物边沟，与化粪池废水汇合后进到宿舍两侧 DN400 合流管排出，每日污水量约 460m³/d。德昌电机宿舍区横断面如图4.2-6 所示。

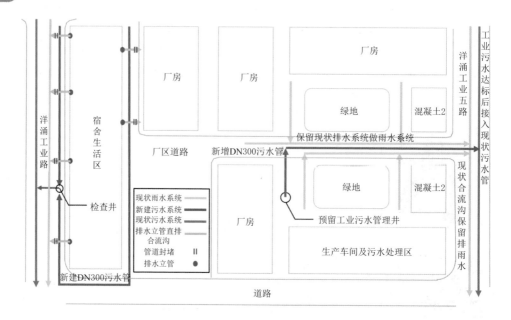

图 4.2-5 健统公司厂区正本清源设计方案

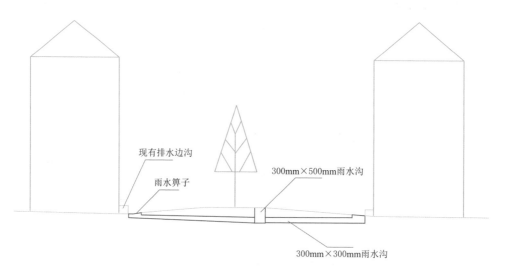

图 4.2-6 德昌电机宿舍区横断面设计图

德昌电机宿舍区正本清源设计方案如图 4.2-7 所示。结合现场实际情况，保留现状排水系统作为污水系统，接入茅洲河流域（宝安片区）前期片区雨污分流管网工程新建的污水管中；废除与现状排水系统相连的雨水口、雨水边沟、建筑排水立管，新建一套雨水管网系统、雨水口收集系统及建筑屋面排水立管系统，实现该区域雨污分流排放。

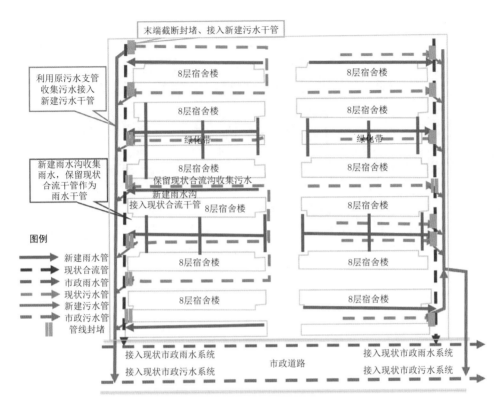

图 4.2-7 德昌电机宿舍区正本清源设计方案

（3）方案示例 3——埃梯梯科能电子（深圳）有限公司。埃梯梯科能电子（深圳）有限公司为电镀行业，现有污水处理设施一套，处理污水量为 2000m³/d。该公司现状排水系统为合流制，因污染源较明确，实施方案为保留现状排水系统作为雨水系统，新建一套污水系统，将厂区内化粪池污水接走，封堵原化粪池排水管，并在污水处理池旁预留污水支管和管理井，待后期处理达标后由企业自行接入（见图 4.2-8）。

4.2.2 公共建筑类小区管网建设方案

宝安片区公共建筑区域包括文化教育、行政办公、公共事业、园林、交通、金融、服务、市场、医疗卫生等行业。

4.2.2.1 除医疗卫生类小区外的管网建设方案

根据现场实际情况可分为以下三种建设方案：

（1）分流情况较好的行政办公类小区。

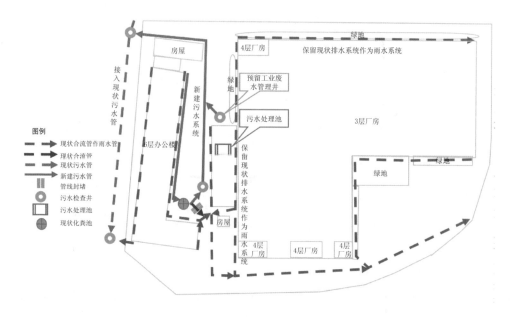

图 4.2-8　埃梯梯科能电子（深圳）有限公司正本清源设计方案

1）现状排水体制：分流较好的行政办公类小区一般内部有两套排水系统，其主要的问题在于错接乱接，存在用户改变雨水立管使用功能的现象，立管混流导致管道混流情况严重。

2）方案示例：沙井中心片区沙井镇计划生育服务中心内部有两套完善的雨污水系统，建筑旁为合流立管，存在较多错接乱接现象。针对此种情况，仅对区域内立管进行改造，新建雨水立管、雨水口等接入原雨水管系统内，合流立管接入外围污水管即可（见图 4.2-9）。

（2）仅有一套合流制系统、可以进行改造的排水小区。

1）现状排水体制：小区内仍为合流制排水系统，且现状有一套排水管道（或渠道）系统的区域，保留现状排水系统为污水系统（若为渠道，则加盖板封死，防止臭气外溢），废除与现状排水系统相连的雨水口、雨水边沟、建筑排水立管，新建一套雨水管网系统、雨水口收集系统及建筑屋面排水立管系统，实现该区域雨污分流排放。

2）方案示例：新桥街道新桥图书馆仅有一套合流沟系统，系统末端尚存在混流情况，图书馆建筑混流立管情况复杂。此小区将原合流沟系统作为污水系统，新建雨水系统、雨水口收集系统等，彻底解决内部混接情况（见图 4.2-10）。

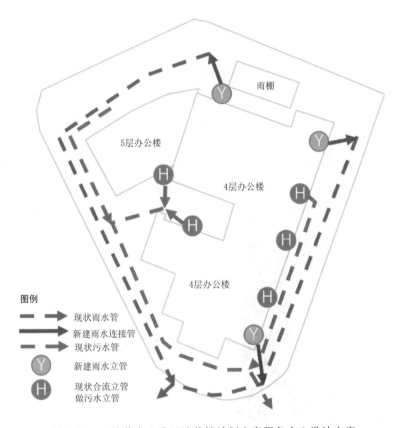

图例

- ➡ 现状雨水管
- ➡ 新建雨水连接管
- ➡ 现状污水管
- Ⓨ 新建雨水立管
- Ⓗ 现状合流立管做污水立管

图 4.2-9　沙井中心片区沙井镇计划生育服务中心设计方案

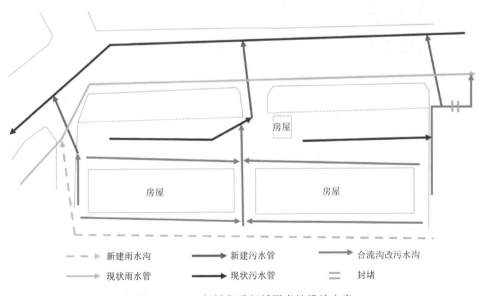

- ⇢ 新建雨水沟
- ➡ 新建污水管
- ➡ 合流沟改污水沟
- → 现状雨水管
- ➡ 现状污水管
- ═ 封堵

图 4.2-10　新桥街道新桥图书馆设计方案

（3）仅有一套合流制系统、无法进行改造的排水小区。

1）现状排水体制：小区内仍为合流制排水系统，且现状有一套排水管道（或渠道）系统的区域，原系统即使改造也因人为污染等原因不能完全分流，此时则保留现状排水系统为污水系统，统一纳入海绵设施内进行调蓄。

2）方案示例：新桥街道新桥农贸市场整治前现场情况如图 4.2 - 11 所示，仅有一套合流系统，因市场内人员杂乱，售卖日常生活用品的商贩较多，人为倾倒垃圾等现象较为严重，即使新做雨水沟系统，也难以避免人为因素产生的污染。因此，保留现状排水系统作为污水系统，更改流向，收集区域内全部污水统一纳入海绵设施内进行调蓄，如图 4.2 - 12 所示。

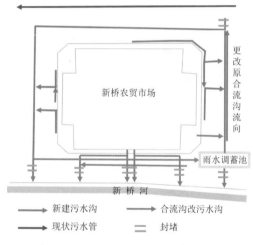

图 4.2 - 11　新桥农贸市场整治前现场图　　图 4.2 - 12　新桥街道新桥农贸市场设计方案

4.2.2.2　医疗卫生类小区管网建设方案

医疗类排水小区的方案参照 4.2.1 中重点涉水企业的设计方案，在实施清源改造时，在废水处理设施周边 5～8m 内新建管理井，接入市政管网。对医院产生的废水进行处理，经环保部门监测达标后自行排放进入管理井内。

4.2.3　居住小区类管网建设方案

根据现场调研，居住小区主要包括成熟小区和住宅新村。成熟小区多建成于 2000 年左右，高层建筑居多，小区环境良好，路面及周边景观完善，多数有成熟的物业管理；住宅新村主要特点为建筑分布规整，道路相对宽阔，楼层普遍不高，多为村镇自建。

此两类居住小区大部分均有完善的雨污系统，主要的问题在于错接乱接，存在用户改变雨水立管使用功能的现象，较为常见的是 14 层以下的建筑内，阳台排水地漏支管以及厕所、厨房排水与建筑天面雨水排水（立）管道连通。如图 4.2-13 所示，小区建筑内雨水立管部分有阳台废水、厨房废水接入；小区内的雨水箅子内大多有混流立管接入，内有 2~4 个排口不等，旱季有污水进入，错接乱接现象严重。

图 4.2-13　居住小区现状排水体制示意图

针对此种现象，需注重源头防控，坚持雨污分流制排水体制，结合管线调查及运营情况，以系统梳理、纠正错接乱排、源头截断为主要的实施方案，同时加强管理，杜绝点源污染直接进入河道。居住小区类设计方案主要有保留现状排水系统、新建雨水系统和新建污水系统三种类型。

4.2.3.1　保留现状排水系统

区域内已建设雨污分流制系统的，保留现状排水系统，不再进行支管网建设，仅在该区域污水管排放口处核实出口是否纳入已建污水处理厂污水管网系统，如未纳入，则本次支管网方案新建连通管线，将该部分污水与污水处理厂管网系统连通。本次支管网方案则考虑连通该部分管段，将小区污水纳入已建污水管网系统。

方案示例：沙井商业中心为前两年已拆除小区，目前现场已建好新的小区，新建小区内部已实现源头雨污分流，但外围尚有错接乱接现象，清源方案为保留现状雨污水系统，将外围管线重新梳理后纳入已建污水管网系统（见图 4.2-14）。

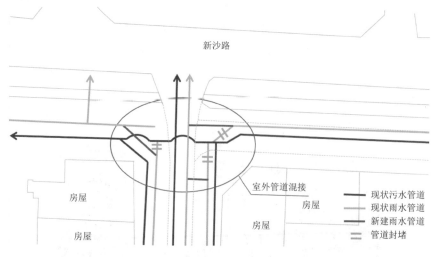

图 4.2-14　沙井商业中心污水管网改造示意图

4.2.3.2　新建雨水系统

区域内仍为合流制排水系统，且现状有一套排水管道（或渠道）系统的区域，则废除与现状排水系统相连的雨水口、雨水边沟、建筑排水立管（若为渠道，则加盖板封死，防止臭气外溢），新建一套雨水管网系统、雨水口收集系统及建筑屋面排水立管系统，实现该区域雨污分流排放。

方案示例：南庄新村区域建筑十分规整，部分已建雨污分流排水系统，但由于管理缺失、村民的乱接等，该区域排水仍为合流制排水，本工程则将现有排水系统作为污水系统，对现状雨水口废除或改造，接入新建雨水系统中，并对合流的建筑排水立管进行改造：新建雨水立管接通现状屋面雨水斗；将原合流立管接屋面部分断开作为污水立管，并加装通气帽（见图 4.2-15）。

4.2.3.3　新建污水收集系统

区域内仍为合流制排水系统，现状有一套排水管道（或渠道）系统，且生活污染源较为明确，有条件将污水分出的区域，则沿主要巷道新增污水管，废除与现状排水系统相连的污水排放口、合流立管等，沿支巷道敷设化粪池连接管和建筑污水散排点连接管，使其接入新增的污水系统内；同时将现状排水系统作为雨水系统，新建雨水口收集系统及建筑屋面排水立管系统，接

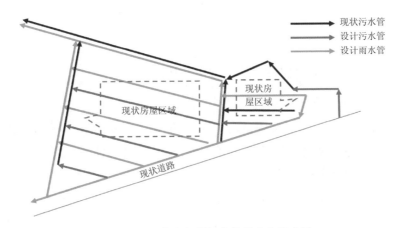

图 4.2 - 15 南庄新村污水管网改造示意图

入已有的雨水系统，使该区域彻底地实现雨污分流排放，居民的生活卫生环境得以提升。

方案示例：西部片区蚝三丰泽园现状生活污染源非常明确，内部主要问题为错接乱接，本工程原系统作为雨水系统，新建部分污水管道将主要污染源接出至市政管网内，并对区域内合流立管进行改造，新建雨水立管（见图 4.2 - 16）。

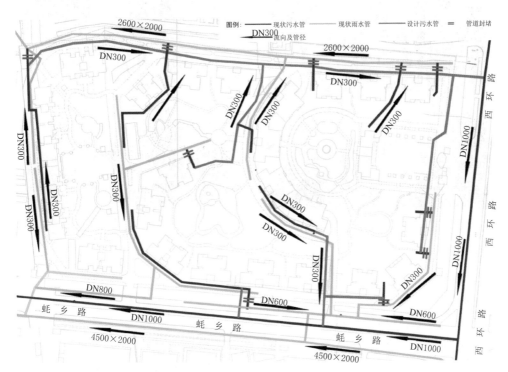

图 4.2 - 16 蚝三丰泽园污水管网改造示意图

4.2.4　城中村类管网建设方案

4.2.4.1　茅洲河流域（宝安片区）城中村建筑分布特点

（1）城中村建筑分布杂乱、密集，道路狭窄，楼房、砖房及土房并存，人口相对集中区域，巷道设置杂乱，宽度不一，大多巷道宽度 2m 左右，部分老旧城中村巷道宽度窄的地方不到 1m，且巷道贯通性差，管道重新敷设空间不够，图 4.2-17 所示为幸福村 C 区示例。

（2）片区内城中村排水体制为合流制，主要采用合流盖板沟或巷道边沟进行排水，建筑立管直接接入合流盖板沟或巷道边沟，排水情况恶劣，图 4.2-18 所示为朗下旧区示例。

图 4.2-17　幸福村 C 区示例　　　　　　　图 4.2-18　朗下旧区示例

（3）房屋地基深度和处理强度不一，铺设管线对周边的建筑基础影响较大，甚至有倒塌的风险，工程实施难度大。

4.2.4.2　城中村以往的改造方案

巷道过窄、需要考虑拆迁才能开展雨污分流制管网升级改造的，在有条件拆迁的情况下，按照雨污分流原则改造管网；在无条件拆迁的情况下，考虑在居住区外围采用总口截流（见图 4.2 - 19），将居住区污水截流接入现状污水系统，预留远期污水出路。

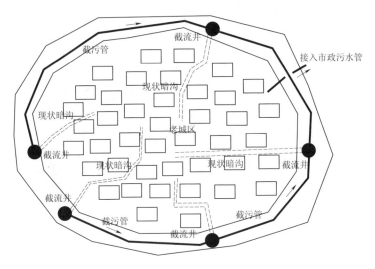

图 4.2 - 19　总口截流方案图

通过对广州市白云区城中村现场调研可知（见图 4.2 - 20），其正本清源工程在巷道内铺设小管径塑料污水管，立管经改造后接入新建小管径污水管，保留现状系统排雨水或不对雨水系统采取措施。

由于城中村巷道窄、建筑物基础不牢，传统的雨污水管埋设方式难以实施，城中村正本清源改造尤为困难。根据以往的经验，城中村主要以总口截污的方式收集范围内生活污水，但雨季时易造成大量雨水进入城市污水系统，导致污水处理厂进水量徒增、污水进水浓度降低、污水处理效率变差，同时会有大量生活污水外溢排至附近水体，造成水环境的严重污染，在国家水环境污染控制愈发严格的情况下总口截污方式难以达到理想的污水收集效果。工程参考广州市白云区城中村正本清源方案并结合宝安片区城中村自身特点进行方案设计。

图 4.2 - 20　广州市白云区城中村现场
示意图

4.2.4.3　总体设计思路

在城中村巷道内沿现状合流沟敷设小管径污水管（UPVC DN200mm～DN300mm），并在此基础上将 UPVC DN160mm 接户管深入建筑内部，形成城中村小管径污水收集系统；同时进行建筑物立管改造，将现状合流立管改造为污水立管，底部增设存水弯接入污水系统，顶部与屋面雨水斗截断，增设通气管及通气帽；单独新建一条雨水立管，雨水立管散排至地面。由于条件有限，本次设计不针对雨水进行单独设计。最终将城中村内污水收集至新建小管径污水收集系统，其平面布置如图 4.2-21 所示。

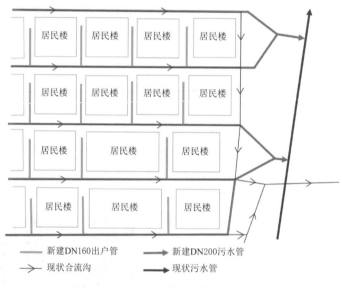

图 4.2-21　城中村污水管平面布置图

4.2.5　排水建筑与小区立管改造方案

本工程是从用户开始梳理城市排水管网系统，对错接乱接的用户进行整改，立管作为污水收集的源头设施在此次改造工程中显得尤为重要。

4.2.5.1　工业仓储类、公共建筑类、居住小区类建筑内部立管改造方案

在工业仓储类、公共建筑类、居住小区类建筑与小区内部立管改造过程中，按照规范，每栋一般设置 4 根立管，部分狭长形的工业仓储类小区可设置 6 根立管，一般选用 DN110mm 的 UPVC 管，立管连接管选择 DN160mm 的 UPVC管，立管末端至雨水口处的埋地距离一般设置为 2～3m。立管改造可分为合流立管改造、雨水立管入地改造、雨水立管散排改入地三种（见图 4.2-22）。

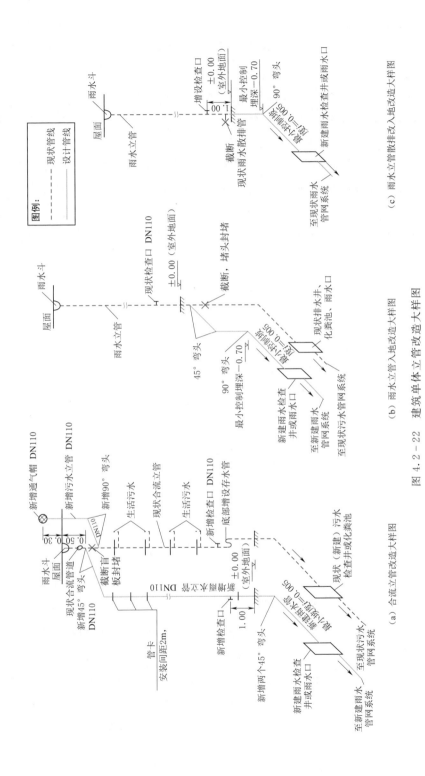

图例：
- - - - - 现状管线
———— 设计管线

（a）合流立管改造大样图

（b）雨水立管入地改造大样图

（c）雨水立管散排改造入地改造大样图

图 4.2-22　建筑单体立管改造大样图

（1）合流立管改造。原建筑合流管改造作为污水管，并增设伸顶通气帽及立管检查口，将屋面雨水单独接出，就近排入附近检查井或者雨水口内。

（2）雨水立管入地改造。将接入化粪池的雨水立管进行改造，在入地以下将雨水立管截断，就近排入新建的海绵设施或附近雨水检查井、雨水口内。

针对楼层总数较高（>14层）的公共建筑或居住小区，或新增雨水立管困难时，则将现状合流立管接入小区雨水管道，立管末端加设弃流井类海绵设施（见图4.2-23），弃流井与小区污水管连通，旱季时合流立管内的污水进入小区污水管，雨季时合流立管内的雨水溢流进入小区雨水系统。

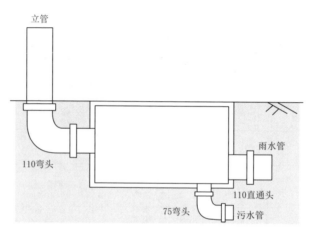

图4.2-23 弃流井安装位置示意图

（3）雨水立管散排改入地。原雨水立管直接散排至地面，且周边有雨水检查井，本次对此类雨水立管改造入地。

4.2.5.2 城中村类排水小区内部立管改造方案

城中村类排水小区建筑物年代较早，缺乏科学合理的规划设计，建筑立管基本为混流立管。经调研，城中村混流立管主要有两类：一类是由建筑物屋顶开始自上而下收集各层生活污水，末端接入地下排水沟渠中；另一类为建筑物一楼穿墙伸出的污水排水管。因此城中村立管改造对象主要针对上述两类污水立管，改造内容则包括新建雨水立管和改造污水立管两部分。

第一类污水立管顶部与屋面雨水斗截断，新增通气帽及新建雨水立管，每栋新建四根 DN110mmUPVC 雨水立管，接走天面雨水，雨水立管下端散排至地面；该类污水立管底部截断增设存水弯接入新建 DN160mm 接户污水管或巷道内 DN200mm～DN300mm 污水管。

第二类污水排水管底部截断，新增存水弯，接入新建 DN160mm 接户污水管或巷道内 DN200mm～DN300mm 污水管。

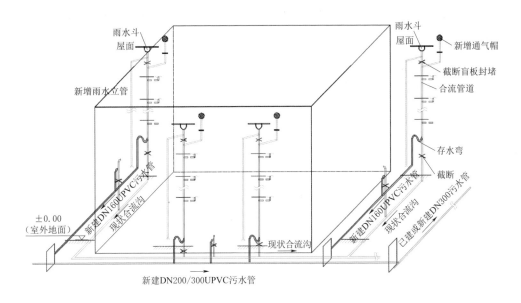

图 4.2-24 城中村类小区立管改造示意图

4.2.6 与"双宜小区"工程交叉部分排水小区建设方案

根据深圳市宝安区"双宜小区"创建工作领导小组办公室《关于报送2018年"双宜小区"创建工作相关资料的通知》，本工程4个街道范围需将部分城中村改造为宜业宜居的文明小村。因"双宜小区"的建设与本工程工期冲突，为避免重复开挖，对居民生活造成较大影响，本工程与"双宜小区"建设工程交叉范围部分的城中村小区同步施工。

4.2.6.1 "双宜小区"建设内容

"双宜小区"工程包含文化工程、安全工程、美丽工程、市政工程、便民工程五项工程，通过建设品质配套设施、优美生活环境，打造吸引高端人才的有氛围、有韵味、美观大气的城中村形象。

市政工程包含供电设施改造、供水管网改造、雨污分流改造、海绵城市建设、道路设施管养修复及黑化改造、公共照明、"多线合一"落地、下水道疏通修复等工程。其中，因涉及开挖，与本工程有交叉的部分为雨污分流改造、"多线合一"落地。

雨污分流改造是指排水管网和污水收集支管网改造，实现雨污分流、排水通畅；新建或更新改造排水管道，确保污水接入城市污水管网，杜绝肆意排水、污水横流现象。"多线合一"落地是指电信、电缆、弱电三线捆扎埋地，实行强、弱电线缆分设，光纤线路全部下地到楼到户，居民楼道内建设弱电管及多网合一箱，供所有弱电线路和光纤线路走线，居民楼内皮线光缆全部铺设到每套房门口。

4.2.6.2　与"双宜小区"工程交叉部分改造方案

与本工程有交叉的部分为雨污分流改造、"多线合一"落地建设项目，为避免重复开挖，本工程内在交叉区域设置共同沟，做好前期土建工作，为"三线"及其他线预留管位，后期在实施过程由街道等相关部门将这些管线进行埋地，并由街道或社区委托相关单位进行共同沟的管理和运维，同时监督各运营商的线路入地套管，杜绝乱接现象。

共同沟可分为"四孔"和"二孔"两种做法，具体如图4.2-25和图4.2-26所示。

通过共同沟的建设，从根本上治理城中村管线"蜘蛛网"乱象，一方面减少二次开挖，节约工期、节省投资；另一方面最大限度地提升城中村市容环境。

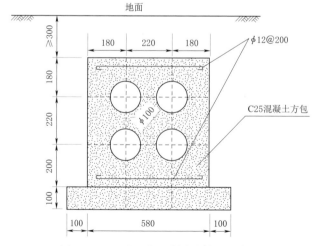

图 4.2-25　"四孔"共同沟做法示意图

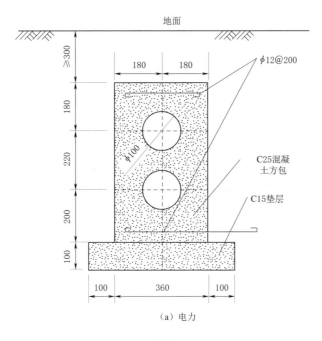

（a）电力

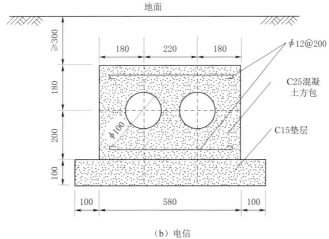

（b）电信

图 4.2-26　"二孔"共同沟做法示意图

第5章

海绵城市建设与地表径流控制

5.1 海绵城市建设背景

近年来，随着我国城镇化的迅速发展和城市规模逐渐扩大，引发了一系列生态环境问题，水环境污染、水资源紧缺等问题日益凸显。同时，极端天气情况日益频发，滞后的城市排水系统导致了城市内涝风险的增加。在此背景下，2014 年 10 月，住房和城乡建设部印发《海绵城市建设技术指南——低影响开发雨水系统构建》，要求各地结合实际，参照技术指南，积极推进海绵城市建设。2015 年 10 月，《国务院办公厅关于推进海绵城市建设的指导意见》（国办发〔2015〕75 号）要求，到 2020 年，20％城市建设区满足海绵城市要求；到 2030 年，80％城市建设后满足海绵城市要求。该指导意见明确要求积极贯彻新型城镇化和水安全战略有关要求，有序推进海绵城市建设试点，加快推进海绵城市建设。

海绵城市是指通过加强城市规划建设管理，充分发挥建筑、道路和绿地、水系等生态系统对雨水的吸纳、蓄渗和缓释作用，有效控制雨水径流，实现自然积存、自然渗透、自然净化的城市发展方式。从狭义上来定义，海绵城市主要指分散式的小型低影响开发设施，但从更大尺度和流域治理角度来看，广义的海绵城市需涵盖雨水塘、湿地、多功能调蓄、洪泛区等绿色基础设施（见图 5.1-1）。我国一般项目建设规模较大，在许多情况下需要有机地结合传统的雨水管渠、泵站、调蓄水池等灰色基础设施来共同应对错综复杂的城市水问题，构建弹性的雨水基础设施。

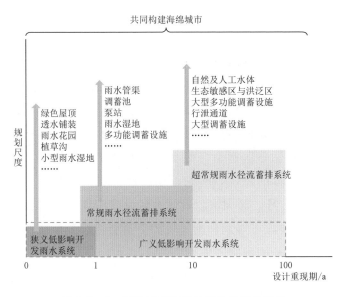

图 5.1-1　海绵城市的狭义定义和广义定义

发达国家早在 20 世纪 70 年代就已经开始研究雨洪管理问题,经过几十年的发展已经形成系统,总结出科学有效的方法理论,并已有成功的实践案例,这些对后续我国海绵城市建设方法理论的形成有着重要的借鉴意义。其中,美国最早提出低影响开发和最佳管理措施理论;20 世纪 90 年代英国提出可持续城市排水系统的理念;20 世纪 90 年代末,澳大利亚提出水敏感性城市设计理念。

我国的海绵城市发展起步较晚,但在引入国外的技术和理念后经历了初期试验、蓬勃增长再到如今的平稳发展,"十三五"规划发展指引也积极促进了海绵城市的发展进程。2014 年国家推出《海绵城市建设技术指南——低影响开发雨水系统构建》,各地随后相继推出适宜地方发展的建设指南和审查细则。一方面建设目标逐渐完善,纳入径流总量控制、排水防涝、径流污染控制、雨水资源化、生态和景观等综合目标(见图 5.1-2);另一方面通过多层次、多专业规划,协调、衔接控制目标与土地利用、绿地景观等专项规划要求。海绵城市在我国是一项有效的城市雨洪综合治理手段,以应对日

图 5.1-2　海绵城市综合控制目标

91

益增多的极端降雨事件和气候变化问题，因而充分考虑国内的国情，结合国外的先进经验使海绵城市理论具有现实意义。

深圳意在建设国际一流的海绵城市，系统解决水问题，在全国率先引入低影响开发雨水综合利用理念。在《广东省海绵城市规划设计导则（试行）》框架下，当地政府有关部门充分考虑深圳本地的水文条件、地质土壤等特征，综合评价海绵城市建设条件，确定海绵城市建设目标和具体指标，提出海绵城市建设的总体思路和分区指引，落实海绵城市建设管控要求，提出规划措施和相关专项规划衔接的建议，明确近期建设重点，提出规划保障措施和实施建议等。2016 年 7 月，深圳市政府同意印发《深圳市推进海绵城市建设工作实施方案》，明确要求市规划和国土资源委员会组织开展《深圳市海绵城市规划要点和审查细则》的编制工作。

根据深圳市境内河流的位置、流向，结合地形分区、竖向规划、规划排水管网划分九大流域。根据各流域内河流水系流向、地表高程、规划排水管渠系统，将九大流域划分为 25 个管控片区。每个片区对应有相应的调控指标，指标的分解有利于因地制宜地实行不同的海绵措施。

综合考虑未来城市生态系统建设、洪涝安全、景观提升、微气候调节等，当地政府提出水生态、水环境、水资源、水安全四大建设类别，明确近远期的发展目标，其中控制性指标属于审核所必须达标的，指导性指标可根据规划设计需求进行相应调整（见表 5.1－1）。

表 5.1－1　　　　　　　　　深圳市海绵城市建设指标体系汇总表

类别	序号	指　标	目　标　值		控制性/指导性
			近期（2020 年）	远期（2030 年）	
水生态	1	年径流总量控制率	重点区域率先达到 70%	70%	控制性
	2	生态岸线恢复	60%	90%	控制性
	3	城市热岛效应	缓解	明显缓解	指导性
水环境	4	地表水体水质标准	饮用水达标率 100%，无黑臭河流，达到治水提质考核要求	100%（地表水环境质量达标率）	控制性
	5	城市面源污染控制	旱季合流制管道不得有污水进入水体	基本建成分流制排水体制，城市面源污染削减率达到 50%	指导性

续表

类别	序号	指　标	目　标　值		控制性/ 指导性
			近期（2020 年）	远期（2030 年）	
水资源	6	污水再生利用率	30%（含生态补水），其中替代自来水 5%	60%（含生态补水），其中替代自来水 15%	控制性
	7	雨水资源利用率	雨水资源替代城市自来水供水的水量达到 1.5%	雨水资源替代城市自来水供水的水量达到 3%	指导性
	8	管网漏损控制率	12%	10%	指导性
水安全	9	内涝防治标准	50 年一遇（通过采取综合措施，有效应对不低于 50 年一遇的暴雨）		控制性
	10	城市防洪（潮）标准	200 年一遇（分区设防，中心城区为 200 年一遇）		控制性
	11	饮用水安全	集中式水源地质达标率 100%	集中式水源地水质达标率 100%	控制性
制度建设及执行情况	12	蓝线、绿线划定与保护	完成《深圳市蓝线管理规定》，严格执行《深圳市基本生态控制线管理规定》		指导性
	13	技术规范与标准建设	进一步完善海绵城市相关技术规范与标准建设		指导性
	14	规划建设管控制度	在全市范围内进一步推广和完善海绵城市规划建设管控制度、技术规范与标准、投融资机制、绩效考核与奖励机制、产业促进政策等长效机制		指导性
	15	投融资机制建设			指导性
	16	绩效考核与奖励机制			指导性
	17	产业化			指导性
显示度	18	连片示范效应	20% 以上达到要求	80% 以上达到要求	控制性

　　根据核算，茅洲河流域（宝安片区）所需达到的 70.3% 年径流量总控制率，对应单位控制降雨量是 31.6mm，同时要求地表水水质 100% 达标，完全消除黑臭水体（到 2030 年）。茅洲河流域（宝安片区）多为老旧城区，海绵改造要求以问题为导向，重点解决城市内涝、面源污染等问题，并与城市更新、环境改善、市政设施完善等整体建设相协调。

5.2　海绵措施

5.2.1　截污式环保雨水口

　　环保型雨水口是采用注塑工艺生产的整体成型产品，并按照一定的开孔率在雨水口的侧壁和底部加工渗透孔（见图 5.2-1），其经过优化设计，在小雨时能够净化初期雨水，大雨时不影响雨水的顺畅排放，具有承重性能良好、雨水净化能力高效、安装维护便捷等特点，主要应用于建筑与小区、城市道路和广场。

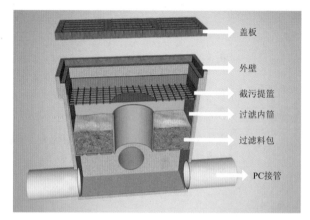

图 5.2 - 1　环保雨水口示意图

5.2.2　下沉式绿地

下沉式绿地具有狭义和广义之分，狭义的下沉式绿地指低于周边铺砌地面或道路在 200mm 以内的绿地（见图 5.2 - 2）；广义的下沉式绿地泛指具有一定的调蓄容积（在以径流总量控制为目标进行目标分解或设计计算时，不包括调节容积），且可用于调蓄和净化径流雨水的绿地，包括生物滞留设施、渗透塘、湿塘、雨水湿地、调节塘等。下沉式绿地可广泛应用于城市建筑与小区、道路、绿地和广场内。对于径流污染严重、设施底部渗透面距离季节性最高地下水位或岩石层小于 1m 及距离建筑物基础小于 3m（水平距离）的区域，应采取必要的措施防止次生灾害的发生。狭义的下沉式绿地适用区域广，其建设费用和维护费用均较低，但大面积应用时，易受地形等条件的影响，实际调蓄容积较小。

图 5.2 - 2　狭义的下沉式绿地典型构造示意图

5.2.3　蓄水池

蓄水池是具有雨水储存功能的集蓄利用设施，它同时也具有削减峰值流量的作用，主要包括钢筋混凝土蓄水池、砖/石砌筑蓄水池及塑料蓄水模块拼装式蓄水池，用地紧张的城市大多采用地下封闭式蓄水池（见图5.2-3）。雨水调蓄池用来收集周边场地的雨水，承接生态净化湿地的出水，储存洁净的雨水，可回用于灌溉、水景及其他用途需水。蓄水池具有节省占地、雨水管渠易接入、避免阳光直射、防止蚊蝇孳生、储存水量大等优点，雨水可回用于绿化灌溉、冲洗路面和车辆等，但建设费用高，后期需重视维护管理。

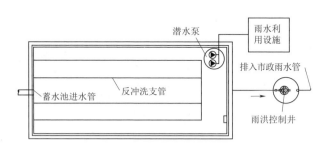

图5.2-3 蓄水池典型构造示意图

5.2.4 弃流井

一般在降雨初期经过屋面，硬化地面及其他污染表面的雨水都会含有各种杂质，如鸟粪、纸屑、杂尘、油污等污染物，称之为初期雨水，所以在降雨前期的2~5mm雨水污染较为严重，需要用到弃流装置。在雨水流经弃流井时，因重力的作用，雨水将首先通过低位敞口的排污管排放掉。在雨量增大后，打在挡板上的压力增大，位于排污管上端的浮球在水流压力的作用下将排污管关闭，井中液位升高，雨水通过水平的过滤网进行过滤后流出，进入雨水管网。雨停后，随着装置中存储雨水的减少，浮球在弹簧弹力的作用下自动复位，将桶中过滤产生的垃圾带出，从而实现初期雨水的弃流、过滤、自动排污等多种功能。

5.2.5 生物滞留池

生物滞留设施指在地势较低的区域，通过植物、土壤和微生物系统蓄渗、净化径流雨水的设施（见图5.2-4）。生物滞留设施分为简易型生物滞留设施和复杂型生物滞留设施，按应用位置的不同又称作雨水花园、生物滞留带、高位花坛、生态树池等。生物滞留设施主要适用于建筑与小区内建筑、道路及停车场的周边绿地，以及城市道路绿化带等城市绿地内。生物滞留池可以降低雨水径流流速，暂时储存雨水，通过对粗大颗粒物的拦截为后续雨水系统单元提供有效的预处理手段，还可以美化周边环境，满足绿化需求，并有利于生态多样性。

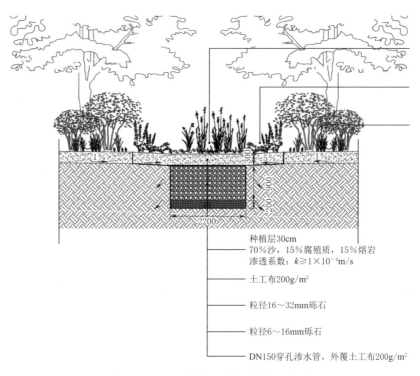

种植层30cm
70%沙，15%腐殖质，15%熔岩
渗透系数：$k \geqslant 1 \times 10^{-4}$m/s

土工布200g/m²

粒径16～32mm砾石

粒径6～16mm砾石

DN150穿孔渗水管，外覆土工布200g/m²

图 5.2-4 生物滞留池典型构造示意图

5.2.6 透水铺装

透水铺装按照面层材料不同可分为透水砖铺装、透水水泥混凝土铺装和透水沥青混凝土铺装。嵌草砖、园林铺装中的鹅卵石、碎石铺装等也属于透水铺装。在景观步道、停车场、广场等硬化地面可采用透水铺装地面。在铺设中透水铺装应尽量向周围绿地方向设置1%～2%坡度，使没有下渗的部分地表径流可以流向绿地，并得到进一步的蓄滞（见图5.2-5）。地表径流在下渗过程中，悬浮物被过滤截留，因而透水铺装可去除地表径流中60%的悬浮物。透水铺装适用区域广、施工方便，可以快速渗透，有利于回补地下水，降低返盐风险，并具有一定的峰值流量削减和雨水净化作用。

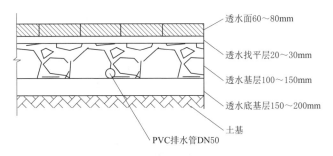

图 5.2-5　透水铺装典型构造示意图

5.3　茅洲河地表径流控制实践

海绵城市理念在茅洲河项目中的实践主要是基于雨污管网等灰色措施的升级改造，通过增加源头控制和中末端的调蓄设施，组织和收集地表径流，最终达到初雨量调控和面源污染削减的效果，从更深层次的意义上来助力海绵城市综合目标，主要包括年径流总量控制率和地表水水质达标的实现。

5.3.1　总体方案设计

茅洲河流域（宝安片区）区域管网密布、建筑密度大，工业仓储类、公共建筑类、居住小区类、城中村类建筑与小区内部排水多以合流制管道为主，在原来的城市建设过程中，管网建设未全面考虑初雨调蓄和面源污染，初雨、小雨统一汇入合流管中，增加城市管网压力和内涝风险。根据《深圳市正本清源工作技术指南（修编）》，将海绵城市建设理念融入到正本清源行动中，在管网建设过程中同步考虑初雨调蓄和面源污染的治理，实现城市建设过程中绿色雨水基础设施与地下管渠等灰色雨水基础设施的无缝衔接。

海绵城市策略遵循"源头控制、中途蓄滞、末端排放"的原则，采用"渗、滞、蓄、净、用、排"等多种措施相结合，有针对性地去除雨水径流中的漂浮物、颗粒物等固体垃圾，防止合流管道中异味溢出，在排水体系源头区域最大限度地消纳净化雨水，减缓城市管网压力，保障雨污水得到有效收集，提高污水收集率。老旧建筑与小区应与城市更新、老旧小区改造、排水单元雨污分流改造等项目统筹推进海绵城市改造，以解决旧城区径流污染、内涝等重点问题为目标，进行建筑与小区海绵城市改造系统化方案设计。

本工程范围内老旧建筑与小区改造的年径流总控制率和面源污染削减率

应按控制性指标表中的要求建设（见表 5.3-1），引导性指标可根据项目的实际情况，在方案设计中选取适宜的数值（见表 5.3-2）。

表 5.3-1　　　　旧城区老旧建筑与小区改造海绵城市控制性指标

小区本底条件					小区分类	海绵城市指标	
雨污合流/分流	绿地率	透水下垫面比例	是否有调蓄空间	建筑周边绿地		年径流总量控制率	面源污染削减率
分流	≥20%	≥30%	有景观水体或在使用的调蓄设施等调蓄空间	有	海绵Ⅰ类改造小区	50%~65%	35%~40%
分流	≥10%	≥20%	无景观水体或调蓄设施等未使用	部分有	海绵Ⅱ类改造小区	45%~55%	30%~35%
合流或混流	低	低	无	无	海绵Ⅲ类改造小区	应做尽做，不设指标要求	
合流或混流	低	低	无	无	城中村类改造	应做尽做，不设指标要求	
分流	一般较高	一般较高	有景观水体或在使用的调蓄设施等调蓄空间	一般有	公共建筑类改造项目	50%~60%	35%~40%

表 5.3-2　　　　旧城区老旧建筑与小区改造海绵设施建设引导性指标

小区分类	绿地下沉比例/%	透水铺装比例/%	不透水下垫面径流控制比例/%
海绵Ⅰ类改造小区	40	55	50
海绵Ⅱ类改造小区	30	50	40
海绵Ⅲ类改造小区	30	40	30
城中村改造项目	20	40	30
公共建筑类改造项目	35	40	40

总体方案设计：屋面径流可以通过雨水立管的断接进入附近下沉绿地设施，溢流部分雨水可进入分流制调蓄池之后进行回用，或排入附近水体和市政管网；地表径流则可经过环保雨水口初步过滤后进入相应的弃流装置，被分流的初雨进入合流制调蓄池，错峰后排入污水处理厂，其余雨水排入附近水体和市政管网（见图 5.3-1）。

5.3.2　截污式环保雨水口

初期雨水流经地面进入雨水箅子，再进入市政雨水管网系统。在此过程

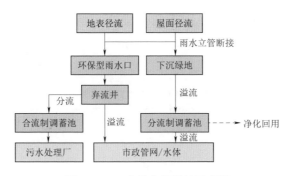

图 5.3-1　总体方案设计示意图

中，初期雨水带走大部分路面污染物，可在雨水径流过程中设置截流式雨水口，在过程中削减初期面源污染，一般使用的设施为滤水桶雨水口。

滤水桶雨水口工作原理：雨水流经雨水箅子，大的固体垃圾被拦截在雨水口外面，雨水进入滤水桶后通过滤水孔进入雨水口内，然后通过防臭管进入出水支管，雨水中大于滤水孔宽度的颗粒物被拦截在滤水桶内，同时雨水中的一些粗颗粒沉积到井体的沉淀区（见图 5.3-2）。在雨量很大时，滤水桶的溢流口可保证雨水口正常工作，防止路面水形成洪涝。

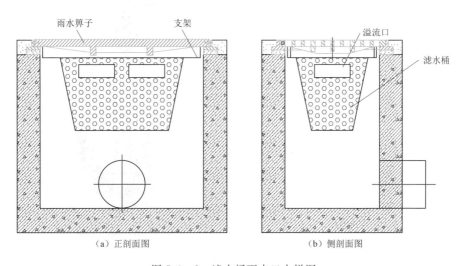

图 5.3-2　滤水桶雨水口大样图

通过设置滤水桶雨水口，可以有效地拦截进入雨水口的漂浮物和颗粒物，也可方便地从雨水口中取出滤水桶及时清理，防止异味溢出。此种设施设置在较小范围内、地表污染物较多的雨水口中。

截污式环保雨水口一般放置于新建雨水立管连接管处，尺寸选用

750mm×450mm，此种雨水口因下端有滤桶，埋深约 80cm，可根据现场实际情况选用，保证管道顺利接入。4 个街道共使用 17511 个环保雨水口（见表 5.3-3）。

表 5.3-3　　　　　　　4 个街道环保雨水口统计表

街　道	环保雨水口数量/个	型号选用/(mm×mm)
燕罗街道	5876	750×450
松岗街道	5109	750×450
沙井街道	4725	750×450
新桥街道	1801	750×450
合　计	17511	

　　根据现场实际情况，本工程将环保雨水口设置在地表污染物多、人流量多、无绿化带区域的地表。例如新桥第二工业区，工业区内以汽修产业为主（见图 5.3-3），汽修类小区产生的油类污染等大颗粒污染物多通过地表直排排水管道，尤其在雨季，地表污染伴随初雨进入管网系统，对排水系统的冲击较大，区域内面源污染严重。此类企业群考虑在新建雨水系统周边重设截污式环保雨水口等设施，在市政灰色手段之外，对面源污染的大颗粒污染物予以截留，在进入市政管网前增设一道拦污防线。

图 5.3-3　工业区汽修厂现场图

5.3.3　雨水断接管与下沉式绿地组合设施

　　雨水断接管与下沉式绿地组合设施一般用于雨水断接管末端，在立管末端设置水簸箕、下沉式绿地设施，对雨水进行滞蓄和净化，再进入雨水管网系统（见图 5.3-4 和图 5.3-5）。水簸箕尺寸选用 500mm×300mm（长×宽），下沉式绿地底部设置的管为 DN200mm 的 UPVC 管，组合设施为预制成套产品，可根据实际情况选用不同尺寸产品。4个街道共使用 12566 个组合设施（见表 5.3-4）。

表 5.3-4　　　　4个街道雨水断接管与下沉式绿地组合设施统计表

街　道	组合设施个数/个	型号选用
燕罗街道	221	成套产品，根据现场选用
松岗街道	221	成套产品，根据现场选用
沙井街道	9911	成套产品，根据现场选用
新桥街道	2213	成套产品，根据现场选用
合　计	12566	

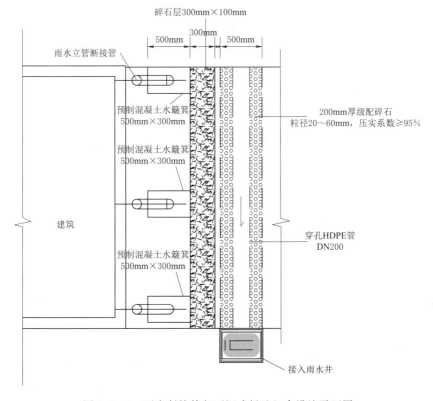

图 5.3-4　雨水断接管与下沉式绿地组合设施平面图

根据调研，建筑小区内雨水排放的设计目的在于排放，或接入合流系统、雨水系统，或散排，未考虑蓄排等海绵设施，此种方案完全未考虑对雨季面源污染的截流。本工程对雨水立管进行断接改造，在立管末端考虑设置水簸箕、下沉式绿地设施，对雨水进行滞蓄和净化。

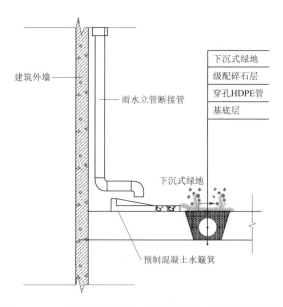

图 5.3-5　雨水断接管与下沉式绿地组合设施剖面图

在雨季，屋面雨水通过雨水立管断接管进入水簸箕，经过缓冲雨水冲击（由于下沉式绿地内的种植土和可渗透性地面都属于软质土，直接被水冲击，会导致植被破坏，需在雨水排放处设置硬质缓冲块，用来缓冲雨水的直接冲击）、集中收集雨水排放入下沉式绿地，利用绿地与可渗透地面之间的高差，延长屋面雨水排放的径流时间和路线，可通过不同种植物和生物介质，有针对性地去除雨水中颗粒物、有机物、氮磷、重金属和油脂等污染物，处理后的雨水可通过滞蓄后进入绿地底部的 UPVC 盲管，排放至自然水体或市政管网以及回收利用等。

5.3.4　弃流井

无动力精确弃流井由井体、浮箱、密封球、滑轮组件、手动闸门、浮动挡板等主要部件组成，采用水力自动控制启闭，通过浮筒的浮力带动密封球升降，从而启闭弃流口，无需人力或电力，且可对雨水管内初雨的弃流比例进行精确调控（见图 5.3-6）。

晴天时，旱流污水全部通过旱流污水口（弃流口）流至污水管。旱流污水口处设有手动闸门，可控制旱流污水流量。

降雨初期，随着缓冲室水位上升，浮动挡板上升，挡住水面的漂浮物，大部分雨水通过弃流口弃流到污水管，同时少部分雨水进入浮箱室。浮箱处

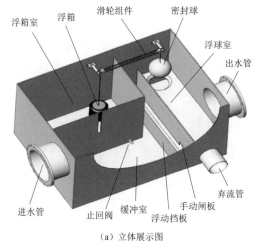

（a）立体展示图

立管

雨水管

污水管

（b）剖面及水流方向

图 5.3-6　无动力精确弃流井原理示意图

于浮箱室内，当浮箱室内水位达到预设高度时，浮箱也达到预设高度，从而控制密封球关闭弃流口。由于浮球堵住弃流通道，此时雨水会在浮球室内聚集，当浮球室内水位升高至出水管处时，雨水从出水管排出，此时雨水已变得较为干净，达到了预处理的效果。

降雨结束后，浮箱室的水通过旱流出水口经弃流管排出，浮箱下降到最低位置，浮球悬起，弃流井复位。该设施的优点在于：①弃流的初雨量可以按比例精确调节；②可满足阳台洗衣机废水、屋面初期雨水自动切换分流；③结构简单，灵活多样，维护方便；④弃流井不需要外界提供动力源，可以根据雨量自行调控；⑤无动力精确弃流井可自动复位，每次降雨结束后井内雨水可自动全部排空。

5.3.5　雨水调蓄池

部分小区末端设施接入渠涵及河道排水口路径较长，且部分流经污染较严重区域，沿线收集了大量初期面源污染，因此需在迁移过程及渠涵末端对污染严重的区域增设初雨控制措施。

5.3.5.1　雨水调蓄池的分类

根据设置位置的不同，雨水调蓄池主要分为两类：一类雨水调蓄池设置在流经区域污染比较严重且无法排查的小尺寸渠涵进入小微水体之前；另一类雨水调蓄池设置在沿河截污管下游、截污管道进入市政污水管之前，实现全区域、全覆盖的初雨收集、分流、调蓄和处理。

对面源污染较重的区域进行重点控制，如城中村、村办工业区等，需在最终进入河道的现有渠、涵旁增设调蓄池，通过溢流、限流等措施来控制进入河道的面源污染水量，从而减少河道的污染（见图 5.3-7）。

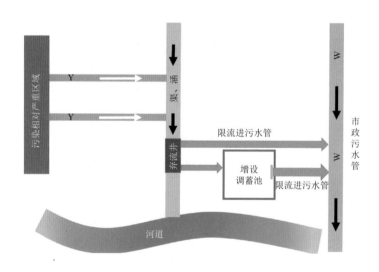

图 5.3-7　污染严重区域增设调蓄池示意图

沿河截污管在旱季时收集漏排污水进入市政管道，降雨时会有大量雨水进入市政污水管道，对污水管网和下游污水处理厂造成较大冲击。当沿河截污管本身无调蓄空间且现场有调蓄条件时，可在沿河截污管下游增设调蓄池、溢流、限流等设施来对漏排污水和初雨水进行调蓄（见图 5.3-8）。

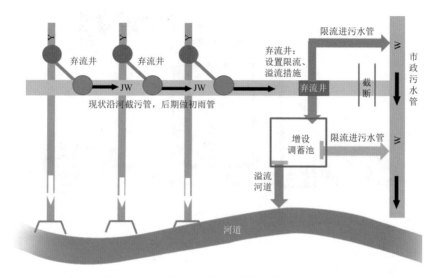

图 5.3－8　沿河截污管旁增设调蓄池示意图

5.3.5.2　雨水调蓄池的运行原理

晴天时，河道汇水区域内排入量较少（主要为沿岸路面冲洗水、城中村内部分生活用水等），此时关闭雨水泵房进水闸门，关闭调蓄池进水闸门，开启潜污泵，进水经泵室内的截流污水泵提升后排入相应的污水管道系统。

降雨初期，在保证污水处理厂最大处理量的情况下，一部分混合污水进入污水处理厂进行处理，缓冲廊道进口处堰门打开，末端限流阀门关闭，初雨调蓄池旋转堰打开，初期雨水经过自清洗格栅进入初雨调蓄池。

降雨继续进行时，初雨调蓄池蓄满，缓冲廊道的水位会继续上升，当缓冲池的水位上升到在线雨水调蓄池的溢流水位时，雨水通过溢流的方式进入在线雨水调蓄池，污染物在池内沉积，上清液溢流到雨水管，最后排入自然水体，实现边处理边排放。

降雨后期，当在线雨水调蓄池的处理能力达到饱和、降雨继续进行时，缓冲廊道的水位会继续上升，后期雨水通过应急行洪廊道直接排放到自然水体。

降雨结束、晴天时，避开早、中、晚高峰用水时段，水泵将调蓄池雨水提升至初雨通道进行错峰排水。调蓄池内的沉积物可以通过相应的冲洗设备（智能喷射器、拍门式冲洗门等）进行冲洗。冲洗后的污水通过潜污泵排放到污水处理厂进行处理（见图 5.3－9 和图 5.3－10）。

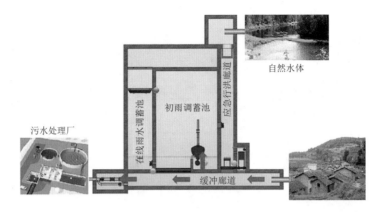

图 5.3 - 9　调蓄池剖面图

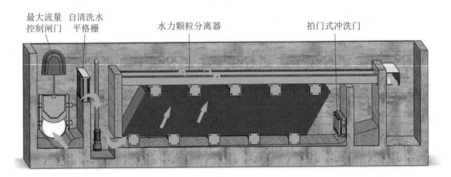

图 5.3 - 10　调蓄池运作原理示意图

第6章

重点面源污染治理技术与实践

正本清源补充完善工程实施后，所有排水小区基本上都已进行雨污分流和正本清源工程改造，但部分排水小区内包含一些面源污染较严重区域，例如农贸市场类、垃圾中转站类、汽修/洗车店类、餐饮一条街类等，这些区域地面污染非常脏乱，下雨时雨水挟带各类垃圾、灰土等进入雨水系统，将造成大量面源污染。因此，需在这些重点区域设置初雨面源控制措施。

6.1 重点区域污染源现状

茅洲河流域（宝安片区）各工区重点区域的面源污染类型见表 6.1-1。

表 6.1-1　　　　　　　　各工区重点区域污染源点位

重点区域	一工区	二工区	三工区	四工区	五工区	七工区	八工区
农贸市场	8	4	8	6	2	1	1
垃圾中转站	46	28	92	114	49	17	29
汽修/洗车店	60	27	86	96	39	18	28
餐饮一条街	64	53	133	211	10	16	85
合计	178	112	319	415	100	52	143

注　六工区主要工程范围为河道，不涉及重点面源治理。

6.1.1 农贸市场类污染源

根据现场实际情况，农贸市场类污染源一般仅有一套合流系统，且因市场内人员杂乱，有较多售卖日常生活用品的商贩，人为倾倒垃圾等现象较为严重，下雨时流水挟带各类垃圾、倾倒物等进入雨水系统，造成大量面源污染。农贸市场现场如图 6.1-1 所示。

图 6.1-1　农贸市场现场

在茅洲河流域（宝安片区）正本清源工程中，已对 11 个农贸市场进行了方案设计，但均未开展雨污分流管网工程。针对面源污染依然严重的农贸市场，本工程对茅洲河流域（宝安片区）其余 30 个农贸市场开展重点面源污染治理，面积共 145894m²。

农贸市场类污染源可分为露天市场、封闭市场两类。

（1）露天市场类：主要由若干小建筑物组成，商家众多，露天放置，现状排水系统多为混流制。

（2）封闭市场类：处于大型建筑物中或大型顶棚之下，现状排水系统多为混流制。

6.1.2　垃圾中转站类污染源

正本清源工程均未对垃圾中转站类污染源产生的垃圾渗滤液等初期面源污染进行单独方案设计。经现场核实，本工程对 375 座垃圾中转站开展重点面源污染治理，各类社区以及工业区的城市垃圾在此集中、暂存，然后转运，面积 53150m²。垃圾中转站面源污染现场如图 6.1-2 所示。

此类区域垃圾收集、转运时在地面残留大量垃圾及附着物，冲洗车辆及下雨时，地面流水挟带各类垃圾、灰土等进入雨水系统，造成大量面源污染。

图 6.1-2　垃圾中转站面源污染现场照片

6.1.3　餐饮一条街类污染源

深圳市的餐饮一条街遍布大街小巷，这些露天餐饮店多位于大街或者马路两旁临街一层，还有部分属于流动式的摊贩，夜晚夜宵摊遍地营业，由此带来巨大的环境问题。餐饮店及夜宵摊所产生的污水大多随意排放至路面，同时在地面留下大量的油污和垃圾，成为蚊蝇、老鼠的孳生地。每当下雨时，此类油污和垃圾顺着雨水直接排至雨水管道，造成严重的面源污染。餐饮一条街厨房出水处及附近井现场如图 6.1-3 所示。

正本清源工程只针对固定污染源（如化粪池等）新建了污水管道接走污水。本工程范围内共有 572 处餐饮一条街类污染源（餐位数超过 200 个的单个大型餐饮店及三家以上连续中小型餐饮店），面积 433269m²。餐饮一条街类污染源可分为室内餐饮和露天餐饮。

（1）室内餐饮类：可按污染源有无存在露天洗涤现象来设计方案。

（2）露天餐饮类：除需收集厨房出户管、露天洗涤污水之外，还需重点解决面源污染问题。

图 6.1-3 餐饮一条街厨房出水处及附近井现场照片

6.1.4 汽修/洗车店类污染源

汽修厂的主要业务是对汽车进行焊接、喷漆、装配以及机油更换等，在此过程中排出的废水中含有大量油污和油漆；洗车店在洗车过程中排出的废水中含有大量洗洁剂等清洗用品成分。汽修/洗车店面源污染现场如图 6.1-4 所示。

图 6.1-4 汽修/洗车店面源污染现场图

此类企业点多面广，数量众多，相关运营者环保意识不强，通常将废水直接自行接入雨水口或者雨水检查井，因此应将此类企业纳入重点面源污染源。

本工程共对 354 个汽修厂、洗车店开展重点面源污染治理，面积 169048m²。按实际情况，汽修/洗车店类污染源可按洗车车位数量分为小型和大中型两种。

6.2 面源污染计算方法

6.2.1 面源污染等级划分方法

本工程重点区域污染源治理分级主要依据 SZDB/Z 145—2015《低影响开发雨水综合利用技术规范》、《深圳市面源污染整治管控技术路线及技术指南》（试行），根据不同下垫面类别划分流域内各地块面源污染等级。

面污染源等级划分根据初期雨水径流水质确定，以实测资料为准。如无实测资料，可参照表 6.2-1 中下垫面分类，经实际调查，划分面污染源等级。

本工程因范围较大，无详细实测资料，按实际调查后的下垫面类型进行面源污染等级分类。

表 6.2-1　　　　　　　　　面源污染等级划分标准

等级	通常下垫面类型	平均 COD /(mg/L)	平均 TSS /(mg/L)	平均 TP /(mg/L)
A	非城市建设用地、公园绿地等	<100	<100	<0.2
B	高档居住小区、公共建筑、科技园区等	100~300	100~400	0.2~0.5
C	普通商业区、普通居住小区、管理较好的工厂或工业区、市政道路等	300~800	400~1000	0.5~1.0
D	农贸市场、家禽畜养殖屠宰场、垃圾转运站、餐饮食街、汽车修理厂、城中村、村办工业区等	>800	>1000	>1.0

注　1. 汽车修理厂包括汽车 4S 店、修配厂、洗车场。

　　2. 村办工业区指内部零乱、卫生管理较差的工业区或工厂。

　　3. 平均值为降雨初期 7mm 厚度内。

6.2.2 面源污染计算方法

面源污染初雨量用于分流制排水系统径流污染控制时的计算公式为：

$$V = 10DF\Psi\beta \tag{6.2-1}$$

式中　V——面源污染初雨量，m^3；

　　　D——降雨厚度，mm，按降雨量计，可取 4～8mm；

　　　F——汇水面积，hm^2；

　　　Ψ——径流系数；

　　　β——安全系数，可取 1.1～1.5。

6.2.3 初雨量确定

根据式（6.2-1），分别对农贸市场、垃圾中转站、餐饮一条街与汽修/洗车店四类重点面源污染区域的初雨量进行计算，结果见表 6.2-2。

表 6.2-2　　　　　　　　　面源污染初雨量

类　别	污染源点位数	汇水面积/m^2	初雨量/m^3
农贸市场	30	14589.40	13.88
垃圾中转站	375	37848.21	318.08
餐饮一条街	572	24810.12	208.63
汽修/洗车店	354	315522.10	2646.97

6.3 面源污染治理思路

针对重点区域的污染源，根据其污染情况制定专门的解决方案，具体治理思路如图 6.3-1 所示。

6.3.1 设置初雨弃流设施

针对面源污染严重，且现场有可利用空间做初雨弃流设施的地方，设置弃流井、调蓄池等设施，收集初雨面源污染。

6.3.1.1 弃流井设置

对于上述面源污染相对严重的区域，若区域面积较小，在相应雨水支管

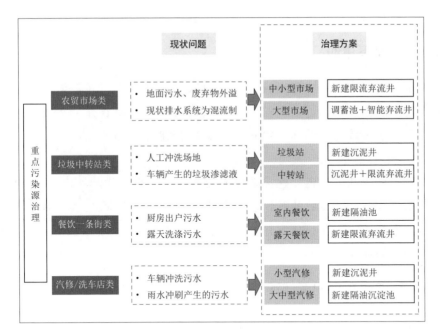

图 6.3-1　工程实施思路

与市政雨水干管的相接处设置初雨弃流井，同时新建管道与污水管道相接。初雨弃流井设置可参照 5.2 节。污染较为严重的初期雨水经弃流井流入污水系统，最终进入污水处理厂。中雨及大雨后期干净雨水经弃流井进入雨水系统排入河道。

根据农贸市场的规模大小，本次方案计划针对规模较小和封闭的农贸市场，在其雨水管出口处设置弃流井，共设置 30 座弃流井。

根据垃圾中转站的规模大小，本次方案计划针对规模较大并有压缩处理设施的垃圾中转站，在其雨水管出口处设置弃流井，共设置 46 座弃流井。

餐饮一条街类污染源根据其所处位置以及附近管网建设情况设置弃流井，针对分散的小店铺设置弃流井，共设置 68 座弃流井。

6.3.1.2　两种调蓄池设置

对于上述面源污染较为严重区域，若区域面积较大或情况复杂，其初期雨水水量大，COD 等污染物浓度高，不适宜再采用初雨弃流措施，则需在农贸市场区域雨水系统的汇集点设置两种型号的调蓄池，调蓄池的具体设置可参照 5.3.5 方案中的介绍。

根据农贸市场的规模大小，本次方案计划根据汇水面积及初雨量大小分别设置 7 座规模为 $300m^2$ 的调蓄池和 3 座规模为 $500m^2$ 的调蓄池。

6.3.2　新建隔油池

本工程范围内存在大量无证经营的餐饮店，这些店铺通常无隔油池或者原隔油池已基本丧失功能，大量浮油和垃圾直接进入检查井，造成检查井堵塞，严重影响市政管道的运行维护。本工程新建部分隔油池，对此种情况进行治理。

此外，新建部分管道，连接新建隔油池与原有检查井。

在超过 300 个餐位数的餐饮店的排水出口位置设置隔油池，隔油池具体分为两种型号：餐位数不少于 300 个的选用Ⅰ型隔油池；餐位数不少于 500 个的选用Ⅱ型隔油池。

6.3.3　新建洗车隔油沉淀池

在超过 4 个洗车位的汽修洗车店的排水出口位置设置洗车隔油沉淀池，沉淀池具体分为两种型号：车位在 3～6 个之间的选用Ⅰ型沉淀池。车位不少于 7 个的选用Ⅱ型沉淀池。

6.4　面源污染治理方案

6.4.1　农贸市场类污染源治理方案

农贸市场根据现场实际情况，可大体分为露天市场和封闭市场两类。

6.4.1.1　露天市场

（1）定义：市场本身处于若干小建筑群体中。

（2）特点：市场面源污染通过现状雨水沟或雨水箅子进入雨水系统。但是市场内部条件有限，无新建管线的施工面，从而制约新建排水系统。

（3）设计方案：

1）针对区域较小、无条件新建调蓄池的区域，设计方案为在该类区域现状混流排水系统末端设置沉泥井，沉泥后接入限流弃流井，弃流的初雨面源污染进市政污水系统，雨水溢流进市政雨水系统。

2）针对区域较大、有条件新建调蓄池的区域，设计方案为在该类区域现状混流排水系统末端设置沉泥井，沉泥后接入智能弃流井，雨水溢流进市政雨水系统，弃流的初雨面源污染进调蓄池。污水来量较大时将暂时储存在调蓄池中，在污水处理厂污水处理高峰期后分时段排入市政污水系统。

（4）实例——上寮农贸批发市场。现状排水系统：如图 6.4-1 和图 6.4-2 所示，原排水系统为混流系统。市场区冲洗污水通过各摊铺两侧 300mm× 500mm 雨水沟，分别经西侧及南侧 DN600mm 雨水管排入主路 DN500mm 污水管。

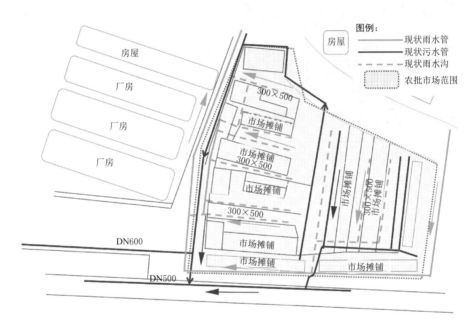

图 6.4-1 上寮农贸批发市场原排水系统示意图（单位：mm）

因为在源头无法实现分流，故在市场排水系统的最终出口位置设置一套弃流井＋调蓄池的方案，如图 6.4-3 所示。旱季市场排水通过弃流井直入 DN500mm 污水管（调蓄池根据市场过水量设置），雨季当初雨收集完成时，雨水通过弃流井排入 600mm×600mm 雨水箱涵。

6.4.1.2 封闭市场

（1）定义：市场处于建筑体内或者有大型顶棚。

（2）特点：市场自身有一套排水沟，且雨水不会通过散排混入市场内部的排水系统。但是建筑体可能会有天面雨水及两层污水立管，影响整个市场的排水系统。

图 6.4 - 2　上寮农批现场排水照片

（3）方案：市场处于大型建筑物中或大型顶棚之下，现状排水系统多为混流制。针对此类区域，设计方案为在该类区域现状混流排水系统末端设置限流弃流井，弃流的初雨面源污染进市政污水系统，雨水溢流进市政雨水系统。若区域仍存在立管未分流现象，则须进行立管分流改造。

（4）实例——马安山综合市场。如图 6.4 - 4 所示，市场区域冲洗污水通过各摊铺两侧的雨水沟，分别经西侧及南侧雨水管排入主路污水管，排水系统未分流，利用马安山综合市场内部排水系统接入外侧雨水沟，最终进西北侧弃流井进行下一步分流。

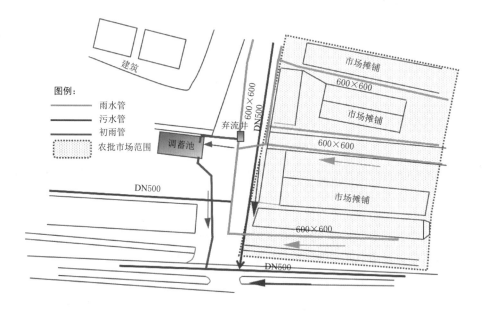

图 6.4 - 3　上寮农贸批发市场设计方案示意图（单位：mm）

116

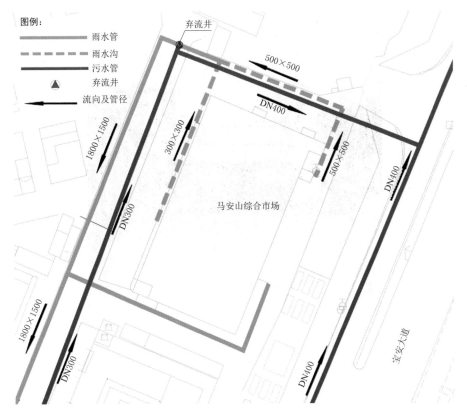

图 6.4-4 马安山综合市场设计方案示意图（单位：mm）

6.4.2 垃圾中转站类污染源治理方案

垃圾中转站类污染源按有无压缩处理设施分为垃圾中转站和垃圾站两类。垃圾中转站污染源一般设置有垃圾压缩处理设施，占地面积较大，以两层建筑物或天棚式场地分布在城市之中。垃圾站污染源收集点占地范围小，仅有垃圾收集功能，以垃圾房或垃圾池形式广泛分布于城市之中。

6.4.2.1 垃圾站

（1）定义：收集点占地范围小，仅有垃圾收集功能，以垃圾房或垃圾池形式存在。

（2）设计方案。针对此类区域，设计方案为：设置环绕或半环绕式钢格栅盖板排水沟用以收集人工冲洗场地、车辆产生的垃圾渗滤液（汇水范围内），方便车辆通行；排水沟末端设置沉泥井，接入市政污水系统内。

（3）实例——万丰中路 219 号垃圾站。该处污染源主要来自于垃圾收集及雨水冲刷产生的地面污水。在垃圾收集地门口设置钢格栅盖板排水沟收集相应的面源污染，并通过沉泥井排入污水系统，如图 6.4-5 和图 6.4-6 所示。

图 6.4-5　万丰中路 219 号垃圾站现场照片

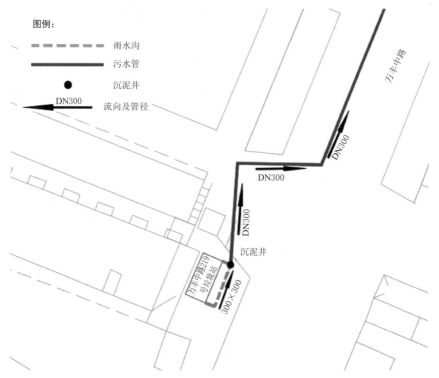

图 6.4-6　万丰中路 219 号垃圾站设计方案图（单位：mm）

6.4.2.2　垃圾中转站

（1）定义：一般设置有垃圾压缩处理设施，占地面积较大，以两层建筑物或天棚式场地的形式分布在城市之中。

（2）设计方案：针对此类区域，设计方案为设置环绕或半环绕式钢格栅盖板排水沟用以收集人工冲洗场地、车辆产生的垃圾渗滤液（汇水范围内），方便车辆通行；排水沟末端设置沉泥井，接入限流弃流井，弃流的初雨面源污染弃流进市政污水系统，雨水溢流进市政雨水系统。若区域仍存在立管未分流现象，则须进行立管分流改造。垃圾渗滤液由垃圾中转站自行进行处理，处理后由具有环保资质的单位集中收集处理。

（3）实例——大王山垃圾中转站。垃圾中转站现场如图6.4-7所示。

图6.4-7　垃圾中转站现场

该处污水来源主要是冲洗运送垃圾车辆时产生的污水及垃圾收集雨水冲刷产生的污水。在垃圾收集地门口设置钢格栅盖板排水沟收集相应面源污染，并通过沉泥井接入限流弃流井进行下一步分流，如图6.4-8所示。

6.4.3　餐饮一条街类污染源治理方案

该类治理对象为餐位数超过200个的单个大型餐饮店及三家以上连续中小型餐饮店。200个以下餐位的餐饮类点位可由经营户自行设置小型隔油器，

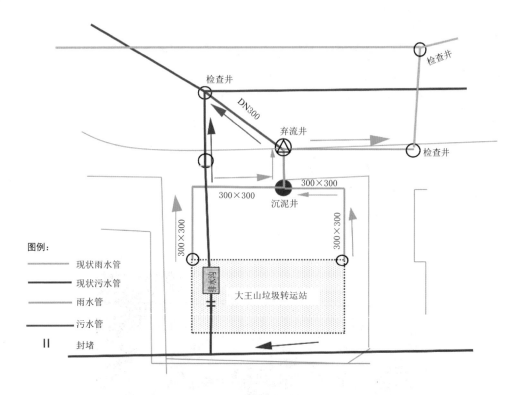

图 6.4 - 8 大王山垃圾中转站设计方案图（单位：mm）

不纳入本工程范围实施。按实际情况，餐饮一条街类污染源可分为室内餐饮和露天餐饮两类。

6.4.3.1 室内餐饮类

（1）定义：厨房设施较俱全，但排口不规范的室内餐饮。

（2）设计方案：

1）无露天洗涤现象的室内餐饮店，可在每家餐饮店经营户设置的小型隔油器后用污水管串接，串接三家及以上餐饮店小型隔油器后，可用 DN160mm 污水管直接收集厨房出户管污水，通过新建 DN200mm 或 DN300mm 污水管接入隔油池内，经隔油池处理后排入市政污水系统。

2）存在露天洗涤现象的室内餐饮店，相关职能部门须加强管理，杜绝此类现象发生。针对此类现象，可在室内餐饮店内部预留接口，预留埋地连接管，管径为 DN160mm，新建 DN200mm 或 DN300mm 污水管接入隔油池内，经隔油池处理后排入市政污水系统；同时相关部门责令其整改，自行接入设计预留接口。

（3）实例——某肠粉餐饮店。如图 6.4-9 所示，可用 DN160mm 污水管直接收集厨房出户管污水或预留出户口，通过新建 DN200mm 或 DN300mm污水管接入隔油池内，经隔油池处理后排入市政污水系统。

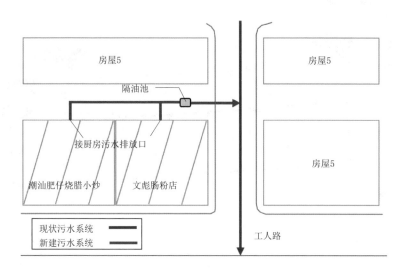

图 6.4-9　某肠粉餐饮店设计方案图

6.4.3.2　露天餐饮类

（1）定义：除需收集厨房出户管、露天洗涤污水外，还需重点解决面源污染问题。

（2）设计方案：

1）针对区域较小、无条件新建调蓄池的区域，设计方案为设置串联雨水口收集该区域的初期面源水，接入限流弃流井，弃流的初雨面源污染弃流进市政污水系统，雨水溢流进市政雨水系统。

2）针对区域较大、有条件新建调蓄池的大型露天餐饮一条街类，设计方案为设置串联雨水口收集该区域的初期面源水，接入智能弃流井，雨水溢流进市政雨水系统，弃流的初雨面源污染弃流进调蓄池。污水来量较大时将暂时储存在调蓄池中，在污水处理厂污水处理高峰期后分时段排入市政污水系统。

（3）实例——某综合市场餐饮店。该处污染主要是室外摊位用餐及餐后冲洗所致的面源污染。可根据现场情况分为两套系统：第一套负责收集厨房出户排水；第二套则通过环保雨水口收集室外摊位的污水，经新建的弃流井进行分流，如图 6.4 - 10 所示。

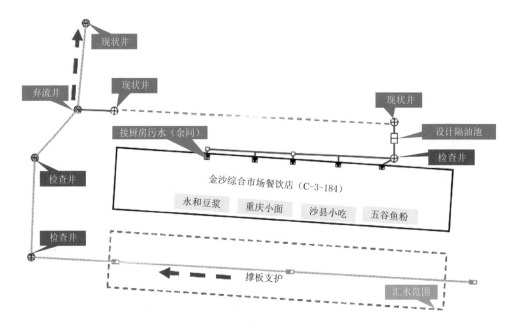

图 6.4 - 10 某综合市场餐饮店设计方案图

6.4.4 汽修/洗车店类污染源治理方案

该类治理对象为有洗车车位的汽修/洗车店。按实际情况，汽修/洗车店类污染源可按洗车车位数量分为小型和大中型两类。

6.4.4.1 小型汽修/洗车店类

（1）定义：同时洗车的车位少于 3 个，无空间设置汽车洗车隔油沉淀池。

（2）设计方案：针对此类区域，设置环绕或半环绕式钢格栅盖板排水沟收集洗车废水（汇水范围内）；排水沟末端设置沉泥井，接入市政污水系统内（见图 6.4 - 11）。含有喷漆作业的汽修/洗车场（有洗车车位），按环保部门的要求自行设置水处理设施，水质达标后方可排入市政管网。

（3）实例——某汽车服务中心。该处车辆冲洗污水散排至门口的雨水箅子，在门口设置钢格栅盖板排水沟收集相应面源污染并通过沉泥井直接接入污水系统（见图 6.4 - 11）。

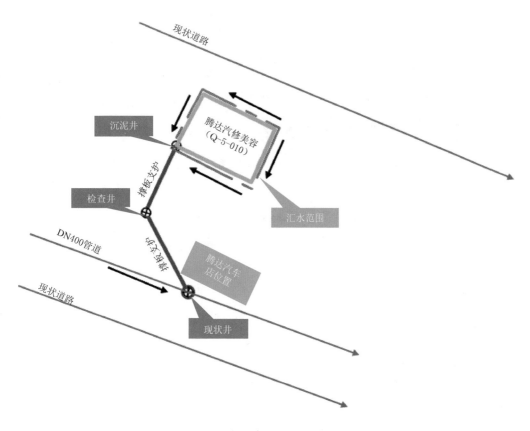

图 6.4-11 某汽车服务中心设计方案图

6.4.4.2 大中型汽修/洗车店类

（1）定义：大中型汽修洗车厂配有三个及以上的洗车车位。

（2）设计方案：针对此类区域，设置环绕或半环绕式钢格栅盖板排水沟收集洗车废水（汇水范围内）；排水沟末端设置汽车洗车隔油沉淀池，处理后接入市政污水系统内。含有喷漆作业的汽修/洗车店（有洗车车位），按环保部门要求自行设置水处理设施，水质达标后方可排入市政管网。

（3）实例——某洗车店。该处污染主要是车辆冲洗污水及雨水冲刷产生的污水。在点位门口设置钢格栅盖板排水沟收集相应面源污染，并通过沉泥井接入限流弃流井进行下一步分流（见图 6.4-12）。

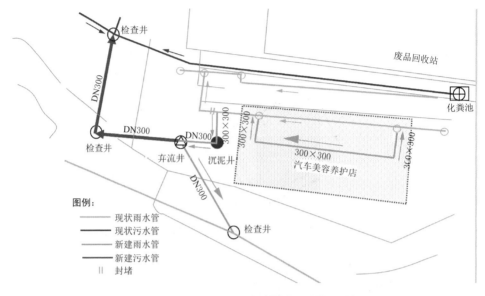

图 6.4 - 12 某洗车店设计方案图

6.5 粪渣处理方案

6.5.1 现状存在问题及必要性分析

目前宝安区年产粪便量约 30 万 t，茅洲河流域（宝安片区）约占宝安区面积的 1/3，尚未建成粪便集中处理厂，年清运粪便及化粪池底泥、粪便浮渣约 10 万 t。化粪池清掏出来的粪水粪渣绝大部分未被有效处理（经固液分离后进入填埋场处理），造成末端无害化处理设施负荷严重，渗滤液产生量大。

目前宝安区的化粪池主要存在以下问题：

（1）构造老化，起不到化粪解污的作用。化粪池是传统砖混式，技术含量低、处置水质不强，其排出的污水严重超标，大大增加了污水处置厂的工作负荷。再者，因震动等外力影响，容易呈现池体裂痕，形成粪便水渗漏。

（2）尚未建立化粪池粪便处理设施。化粪池粪便具有高含水率、高污染物浓度的特点，若无粪便处理设施，大量的脱水粪渣会增加填埋设施的处理负荷、渗滤液产生量和二次污染风险；污水直接排入市政污水处理网，无疑加大了市政污水处理厂的负荷。

（3）处理不彻底，影响周边环境。粪渣未经无害化处理而排入环境中，不仅影响环境卫生，破坏城市形象，还会严重污染大气、水体和土壤，导致空气恶臭，招引苍蝇蚊虫，造成河道淤积和水体污染。同时粪渣中携带大量的病原体，且孳生蚊蝇和其他有害生物，极易成为疾病传播的源头，危害人民身体健康和公共卫生安全。

（4）需定期进行清理，维护困难。粪渣中除含有较多固体杂质外，还含有大量如卫生巾、织物、玻璃、塑料等不能降解的杂物，积存粪渣的化粪池如未及时清掏，会造成化粪池或排污管道堵塞，这不仅严重影响城市排水系统的正常运行，而且还会因为沼气积聚而存在巨大的安全隐患。

以上是宝安区粪池管理所存在的现状和危害。为从根本上解决粪渣的污染问题，提高城市环境水平，保障人民身体健康和公共卫生安全，急需完善宝安区粪便无害化处理设施。因此，将粪便处理设施作为城市环境卫生基础设施的重要组成部分，是非常迫切和十分必要的。

6.5.2 处理规模

（1）服务人口。根据宝安区总体规划，宝安区 2016 年区域人口约为 401.78 万人，本方案粪便处理厂处理规模以 2016 年人口数据为计算依据，2025 年区域总人口约为 470 万人。

（2）粪便产生量预测。宝安区粪便清运范围有环卫公厕、厂区化粪池。按照全部居民小区均设有化粪池，粪便进入化粪池停留，其他生活污水排放进入市政污水管网考虑。

粪便产生量可由下式计算：

$$V = ANK_1 K_2 K_3 K_4 q / 1000 \qquad (6.5-1)$$

式中　V——粪便产生量，t/d；

　　　A——人均每天产粪便量，取 0.4kg/d；

　　　N——人口总数，近期 2019 年 410 万人，远期 2025 年 470 万人；

　　　K_1——粪便污泥浓缩系数，取 0.8；

　　　K_2——粪便污泥发酵缩减系数，取 0.9；

　　　K_3——吸粪车吸入粪水率，取 2；

　　　K_4——含渣系数，取 1.01；

　　　q——清运率，与化粪池应用范围有关，宝安区按照全部使用化粪池考虑。

（3）粪便处理规模。根据计算结果，宝安区粪便无害化处置项目近期处理规模确定为 300t/d，每年可清掏粪污约 30 万 t。茅洲河流域（宝安片区）约占宝安区面积的 1/3，年清运粪便及化粪池底泥、粪便浮渣约 10 万 t。

6.5.3　治理方案

为确保 2019 年年底前宝安区全面消除黑臭水体、茅洲河干流及一级支流消除劣 V 类水，宝安区水务局提出移动式一体化粪渣处理车＋发电厂焚烧方案。

考虑到目前短期内建设粪渣处理厂难度较大，本次粪渣处理主要考虑采用移动式一体化粪渣处理车来对化粪池粪渣进行清掏。移动式一体化粪渣处理车工艺路线如图 6.5-1 所示。

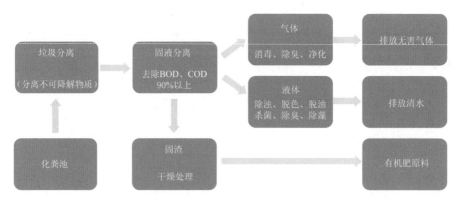

图 6.5-1　移动式一体化粪渣处理车工艺路线图

移动式一体化粪渣处理车参数见表 6.5-1。

表 6.5-1　　　　　　　　　移动式一体化粪渣处理车参数

项　　目	参　　数
处理能力/（m³/h）	20～30
自带车载发电机组功率/kW	30
车载发电机型号	潍柴 HQ30GF
设备车厢	不锈钢材质
装载容积/m³	3
叠螺机（直径）/mm	351

项 目	参 数
设备外形尺寸（长×宽×高）/(mm×mm×mm)	4100×2100×2300
处理后废渣含水率/%	≤80
平行吸力/m	60～80
垂直吸力/m	8～10
电源/V	三相四线 380
真空泵/kW	7.5

　　车辆厢体内设有垃圾处理系统，该系统是采用甩干式体系，高压自动化粪，将抽上来的污物进行脱水处理；厢体后门打开垃圾自动甩出，没有污水，方便处理；该设备以三相电为主要动力，并配备自主发电机组以解决没有三相电的情况，同时具备高压清洗管道功能；该设备处理后的污水可达排放标准，不对市政管道产生阻塞，可以连续工作，工作效率高；处理后的分离物可循环利用，卫生环保。每车收集量为 $3m^3$，真空泵的抽速是 $3.83\ m^3/min$。

　　该车和传统吸污吸粪车的区别在于，抽取污物后不再像传统吸粪车那样需单独弃置至固定地方。处理后的污水可排至市政污水管道，粪渣可直接作为生活垃圾处理，无异味，设备较小。与固定场所处置废弃粪渣相比，移动式一体化粪渣处理车的优点在于处理周期短，无建设周期，分散处理，无异味、噪声小（见表 6.5-2）。

表 6.5-2　　　　　　一体化粪渣处理车与常规吸污车特点对比分析

对比指标	常 规 吸 污 车	一体化粪渣处理车
清洁程度	残留多，清理程度有限，无法彻底清底	清理全面、干净、也可实现彻底清底
废物利用	不能做到废物利用	可作为有机肥料再生利用
清理周期	根据作业情况，一般 1 年至少清理 1～2 次	清理彻底，可以保障 1 年 1 次
二次环境污染	作业和运输时易溢出，粪便排放产生严重的二次污染	污物和水的分离在一个相对封闭的循环系统内完成，不产生二次污染
交通影响	在作业区域和污水处理厂多次往返运输对交通有一定影响	固定区域一次性作业对交通不产生影响
工作效率	装车—运送—卸车—返回。效率低，清理所需时间长，易被限行	不需往返运输，连续作业，作业效率高所需时间短，不会被限行

对比指标	常　规　吸　污　车	一体化粪渣处理车
耗费能源	作业需要大量水稀释和多次往返运输，耗费大量水资源和油料	接入三相电进行施工，作业效率高，所需时间短，节省能源
作业时间	晚间作业多，白天作业少	24 小时均可作业

化粪池经一体化粪渣处理车清理后，水、垃圾分离脱干，污水达标后可排至市政污水管道，固体粪渣可由业主委托城管局进行填埋处理，远期可焚烧或厌氧发酵。粪渣经一体化粪渣车处理后，需将处理后的固渣运输至集中堆放场并采用压饼设备进行压饼处理（见图 6.5-2）。

图 6.5-2　一体化粪渣处理

第7章

总 结 与 展 望

7.1 总结

本书介绍了茅洲河流域水环境污染源头治理方法，主要围绕流域水环境源头污染本底调查、建筑小区源头治理技术、重点面源污染治理技术等内容进行了阐述：

（1）茅洲河流域属高密度建成区，人口密度大、城中村分布密集、工业企业众多、水环境源头污染复杂。本书通过摸排茅洲河流域给排水系统现状及主要污染源，针对不同类排水建筑与小区源头污染问题开展调研分析，对该区域水环境源头污染现状进行了详细的介绍，为该区域水环境污染源头治理奠定了扎实的基础，也为同类流域污染源调查提供了技术支撑。

（2）针对工业仓储类、公共建筑类、居住小区类、城中村类排水建筑与小区开展了源头治理技术研究，提出海绵城市建设方案，并结合实际工程中的应用，制定了分类改造策略。

（3）以农贸市场、垃圾中转站、汽修/洗车店、餐饮一条街四类重点面源污染源为治理对象，逐一提出整治方案，有效控制雨水径流所带来的面源污染，从源头削减入河污染物总量。

7.2　展望

（1）因地施策，加速推进雨污分流管网建设。以系统提升城市生活污水收集效能为重点，进一步查找管网覆盖盲区，大力推进新区雨污分流系统建设，全面补齐雨污分流管网。结合已开展的正本清源改造、城市更新、城中村综合整治等工作，着力完善老旧城中村区域源头分流系统，同步开展质量成效专项检查行动，对正本清源质量出现问题"返潮"的，限期整改，实现一体谋划、一体实施、一体监管，做好雨污分流系统规划、建设安排。

（2）措施创新，强化排水精细化管理。巩固排水管理进小区成果，对运维单位实行按效付费考核，形成小区排水管网专业化运维长效机制。全面开展排水户排查登记，推动排水户全部纳入街道网格化管理。同时，加快打造"智慧排水"，整合污染要素监控系统、排水管网 GIS 系统和排水户信息管理系统等平台，完善重点污染源在线监测系统和排水管网水质水量监测系统，加强对重点污染源、管网系统水质水量的实时监控，边排查、边录入、边整改，以信息化促进排水管理精细化，为打造"清污分离"系统提供强有力的支撑。

（3）严格管控，加强面源污染源头管控。做细做实面源污染源头调查工作，加强雨天水质监测，对河流重点位置进行监测观测；开展基础调查，全面摸清雨天污染溢流情况。加强城市重点面源污染物收集、运输、处理、处置全流程监管整治，强化对"小散乱"企业污染源及"八小"行业面源散排管控，统筹做好"三池""三产"等涉水污染源监管，大幅削减面源污染；各流域统筹实施，将削减径流和面源污染的措施有效落实到城市建设中。

（4）精准高效，强化污染雨水治理。采取应急性与长远性相结合的措施，加快补齐污染雨水收集处理设施短板。加快规划新建一批初雨调蓄设施，形成"收集—调蓄—处理"系统，运用智能化设备、信息化手段，实行初期污染雨水精准调控、精准截污，实现初雨有效收集处理。同时，推进沿河截污系统改造，系统整改截流设施与雨污分流管网的交叉串接，使沿河截污系统自成体系，逐步改造为初雨转输通道和污水应急转输通道。对现阶段已经建成的分散处理设施及应急处理设施，适时推进向污染雨水处理功能转变。

（5）灰绿结合，推进面源污染全过程控制。在初雨调蓄设施等初雨污染精准化截流及分流控制系统建设的基础上，结合海绵城市建设进一步实现从源头加强面源污染控制保障，加强雨水就地消纳；同时推进生态污染控制措施建设，设置沿河生态缓冲带、生态湿地建设等入河最后一道屏障，实现面源污染源头减污—过程控污—末端截污全过程控制。

参 考 文 献

［1］ 深圳市规划和国土资源委员会. 深圳市海绵城市规划要点和审查细则［Z］，2016.

［2］ 孙文清，高群英，欧阳汝欣. 海绵城市理论发展沿革与构建思路探讨［J］. 现代园艺，2019（1）：92-93.

［3］ 车伍，赵杨，李俊奇，等. 海绵城市建设指南解读之基本概念与综合目标［J］. 中国给水排水，2015，31（8）：1-5.

［4］ 刘颖茝，刘磊，宋雪韵. 国内外雨洪管理技术发展沿革［J］. 中国园艺文摘，2017，33（8）：70-73.

［5］ 刘文，陈卫平，彭驰. 城市雨洪管理低影响开发技术研究与利用进展［J］. 应用生态学报，2015，26（6）：1901-1912.

［6］ 住房和城乡建设部. 海绵城市建设技术指南——低影响开发雨水系统构建［Z］，2014.

［7］ 深圳市规划和国土资源委员会. 深圳市海绵城市专项规划及实施方案［Z］，2016.

［8］ 广东省住房和城乡建设厅. 旧城区海绵城市改造技术规程［Z］，2023.